知力を鍛える究極パズル
Mental Gymnastics Recreational Mathematics Puzzles

ディック・ヘス 著	小谷善行 訳	日本評論社
Dick Hess	KOTANI Yoshiyuki	

MENTAL GYMNASTICS
Recreational Mathematics Puzzles
by Dick Hess
Copyright ©2011 by Dick Hess
Japanese translation published by arrangement with Dover Publications, Inc.
through The English Agency (Japan) Ltd.

妻ジャッキーに，生涯の愛と友情をこめて

著者序

　この本のパズルは，読者自身が楽しむだけでなく，他の人に教えて楽しめるようにも考えてあります．収録したパズルは，論理，ひらめき，図形，分析などに関する数学的な知力を試すものです．ほとんどの問題は，紙と鉛筆で解けますが，コンピュータで答えを探すと面白い問題もあります．

　この本は，私が長年にわたって楽しんできた大好きな問題をまとめたものです．その多くには，いろいろな雑誌のパズルの章や，数理問題のコラムで出会いました．具体的には

> *Crux Mathematicorum with Mathematical Mayhem, Journal of Recreational Mathematics, Pi Mu Epsilon Journal, Puzzle Corner in Technology Review, The Bent*

などです．それに加えて，パズルを解いて遊ぶコミュニティでのおしゃべりの中で，パズル仲間が私に紹介してくれた問題も入っています．その人たちは，

> ブライアン・バーウェル，ニック・バクスター，ゲーリー・フォシェ，マークス・ゲッツ，ウェイホワ・ホワン，岩沢宏和，スティーブ・カハン，スコット・キム，小谷善行，アンディ・リウ，カール・シーラー，デービッド・シングマスター，ボブ・ウェインライト，ピーター・ウィンクラー，芦ヶ原伸之

などの各氏です．最新の自作問題を教えてくれたり，わたしの問題に耳を傾けてくれたりしたこれら熱狂的なパズル仲間には謝意を表さなければいけません．自分のアイデアを提供し，難問に没頭する喜びをみんなのものにしてくれたみなさんにお礼を申し上げます．

ディック・ヘス

訳者序

　グーグルやマイクロソフトなどの先端企業の入社試験で出る難問奇問がよく話題になる．私立一貫難関中高の入学試験にも大人が解けない難問が出る．それは知力，とくに問題解決力や創造力をみるのにいい問題なのであろう．そうした知力は確かに新しい学問や技術を生み出す原動力になっているから，試験に出題されるのだ．

　ところがそれはそれとして，「役に立つ」などということはなにも考えず，「ただ難問を楽しむ」人がたくさんいる．この本の著者のディック・ヘス氏，訳者，そして著者序にある出題者たちは，そのような難問を楽しむ人たちだ．その難問（奇問やとんち問題も）を集めたのがこの本である．

　世界中に，マーチン・ガードナーの会など，パズルの好きな人々のコミュニティがいくつもあり，パズルが好きな人がたくさんいる．この本の中身はディックがそこでの交流を通じて考えだしたものや集めたものだ．ぜひ楽しんでみてほしい．

　問題は，数秒で答えが思いつくものから，何か月もの間考え続ける価値があるものまでさまざまである．全部を解こうとするのは不可能である．面白い問題を見つけたら，すぐには解けなくても何日もゆっくり考えることを勧める．

　問題のなかには，現在わかっている最善の解だけが書いてあり，さらに良い解答がありうるものもある．答えの改良，問題の改良，新作などがあったら，訳者または著者に連絡してくれればとてもありがたい．またさらにパズルファンのコミュニティに入ってきてくれれば大いに歓迎されるだろう．

小谷善行

知力を鍛える究極パズル　目次

002　著者序
003　訳者序

007　問題

008　第1章 ちょっとしたパズル

- **Q1**　6人の学者
- **Q2**　秘密の暗号
- **Q3**　誕生日プレゼント
- **Q4**　競走
- **Q5**　式の展開
- **Q6**　何月?
- **Q7**　音楽の問題
- **Q8**　真理子の母
- **Q9**　さいころの問題
- **Q10**　変なお勘定
- **Q11**　数の辞書
- **Q12**　数の蛇1
- **Q13**　数の蛇2
- **Q14**　おもちゃを分ける

014　第2章 数のパズル

- **Q15**　回る円盤
- **Q16**　円周率の抵抗
- **Q17**　野球の打順
- **Q18**　組の合計
- **Q19**　橋を渡る
- **Q20**　組合せの決まり1
- **Q21**　組合せの決まり2
- **Q22**　クロスナンバーパズル
　　　　　—数のクロスワード
- **Q23**　不思議な数列
- **Q24**　9の階乗
- **Q25**　小町素数
- **Q26**　何通りだろう
- **Q27**　12個の金のピラミッド

020　第3章 幾何パズル

- **Q28**　四つの立方体
- **Q29**　格子点上の多角形
- **Q30**　7個のクッキー
- **Q31**　格子点上の五角形
- **Q32**　長方形から切り出す
- **Q33**　クッキーを切る
- **Q34**　三つに切る
- **Q35**　四つに切る
- **Q36**　三角形を数える
- **Q37**　魚と虹
- **Q38**　小谷の蟻
- **Q39**　クモとハエ
- **Q40**　最小タイル貼り
- **Q41**　N個の正方形
- **Q42**　ワインの瓶を積み上げる

- **Q43** 川渡り
- **Q44** 内側の四角
- **Q45** 傾いた道
- **Q46** 球形の氷山
- **Q47** 三角から正方形へ
- **Q48** 同形3分割問題
- **Q49** 1通りのドミノ並べ
- **Q50** 最短の切り取り

第4章 論理のパズル

- **Q51** 1枚の偽コイン
- **Q52** 2枚の偽コイン
- **Q53** 帽子の論理
- **Q54** 妖精たちと怪物
- **Q55** 帽子をかぶった4人の男
- **Q56** 帽子をかぶった5人の男
- **Q57** 騎士とならずもの
- **Q58** 和と積1
- **Q59** 和と積2
- **Q60** 和および二乗の和
- **Q61** 和と積3
- **Q62** 和と積4
- **Q63** 3人の学者
- **Q64** 盲目の論理
- **Q65** 鐘を鳴らす
- **Q66** 偽コインの山?
- **Q67** 偽コインの山1
- **Q68** 偽コインの山2
- **Q69** 偽コインの山3

第5章 分析パズル

- **Q70** 複雑な立方根
- **Q71** 島から島へ
- **Q72** 惑星一周の飛行
- **Q73** 色付けした点
- **Q74** 市松模様の正方形
- **Q75** 家の番号
- **Q76** 整数の方程式
- **Q77** 試験の結果
- **Q78** 回文時計1
- **Q79** 回文時計2
- **Q80** 特別な数
- **Q81** 直交する整数の中線
- **Q82** 正三角形への距離
- **Q83** 二つの三角形
- **Q84** 三つの整数三角形
- **Q85** あなたは医者

第6章 確率のパズル

- **Q86** パズル菌の検査
- **Q87** ランダムな円弧
- **Q88** 立方体の三角形
- **Q89** 誤植
- **Q90** ずれた平均
- **Q91** うろつく蟻
- **Q92** コイン投げ
- **Q93** 火曜日の子供
- **Q94** 猿とタイプライタ

- Q95 | πのなかの聖書
- Q96 | π中にDick Hessを探す

第7章
算数さいころパズル

- Q97 | 29を作ろう
- Q98 | 連続する数字の問題
- Q99 | 75を作る
- Q100 | 10の倍数を作る
- Q101 | 29を高度なルールで作る
- Q102 | 難問算数さいころ問題
- Q103 | 脳がぶっとぶ算数さいころ

第8章
ポリオミノを控えめに覆う

- Q104 | 2枚のタイル
- Q105 | 3枚のタイル
- Q106 | たくさんのタイル

第9章
数字で遊ぶ

- Q107 | 3桁の平方数
- Q108 | 4桁の平方数
- Q109 | 数の正方形
- Q110 | 変な3桁の番号
- Q111 | 時間の方程式
- Q112 | πの近似1
- Q113 | πの近似2
- Q114 | 三つの連続する整数
- Q115 | 簡単な整数
- Q116 | 三つの面白い整数

補遺

- ex.Q1 | 悪夢のブリッジ
- ex.Q2 | 協力ブリッジ
- ex.Q3 | 2の力
- ex.Q4 | 頭と最後が同じことば
- ex.Q5 | なくなった駒
- ex.Q6 | Cigarette Lighter
- ex.Q7 | お金の疑問

解答

150 著者紹介・訳者紹介

問題

Mental Gymnastics Recreational Mathematics Puzzles

第1章
ちょっとしたパズル

この章のパズルはどちらかというと簡単だ．奇抜な要素がある問題も選んである．ひっかけ問題もあるので，気を抜かないように．

Q1 | 6人の学者

6人の学者がレストランで食事をした後，ウェイトレスが「みなさん全員コーヒーを飲まれますか」と尋ねた．すると，最初の学者は「わかりません」と答えた．続いて2番目も「わかりません」，3番目も「わかりません」，4番目も「わかりません」，5番目も「わかりません」と答えた．6番目は「いいえ」と答えた．

ウェイトレスはどの人にコーヒーを出したらいいだろう．

[→p.080]

Q2 | 秘密の暗号

下の絵のなかの秘密のメッセージを探してほしい．

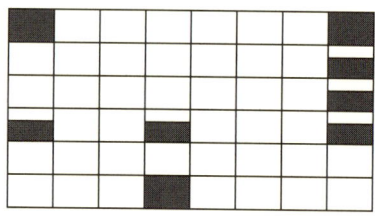

[→p.092]

Q3　誕生日プレゼント

最近ある若い男がある月の最初の日に結婚した．彼はその月の最後の日がちょうど誕生日で，新妻から誕生日プレゼントをもらった．結婚した日も，誕生日プレゼントをもらった日も，彼の生まれた日と曜日が同じだったという．誕生日プレゼントをもらった日に彼は何歳になったのか．

[→p.102]

Q4　競走

あなたは 7 人の相手と，直線のトラックで 2 回，競走する．次の質問に即座に答えてほしい．1 回目のレースではあなたは 2 位の選手を追い越した．今何位？ 2 回目のレースではあなたは最下位の選手を追い越した．今何位？

[→p.108]

Q5　式の展開

次の 26 個の積を展開した式を計算せよ．
$$(x-a)(x-b)(x-c)(x-d)\cdots(x-y)(x-z)$$

[→p.115]

Q6　何月？

（a）金曜日に始まって金曜日に終わる月は何月だろう．

（b）先月の最後の月曜日の日付に，来月の最初の木曜日の日付を足したら 38 だった．これらの日付が二年にまたがらないとすると，

今月は何月だろう．

[→p.125]

Q7 | 音楽の問題

ドレドレ星人の音楽には，音程がドとレの二つしかない．音楽といえば，ドとレが何らかの順番で並んだもののことである．また同じメロディがつづいて3回繰り返すことがなく，レレという音のつながりもない．

　ではもっとも長い曲はどんな曲だろう．

[→p.131]

Q8 | 真理子の母

真理子の母には4人の子供がいる．長男は一男，二番目は双葉，三番目は美奈という名前だ．では四番目はなんという名前だろうか．

[→p.135]

Q9 | さいころの問題

さいころを5個投げる．6が一つだけ出たらあなたの勝ち．6が一つも出なければあなたの負け．あなたが勝つ可能性のほうが大きいだろうか，それとも負ける可能性のほうが大きいだろうか．

[→p.141]

Q10 変なお勘定

コーヒー 2 杯とケーキ 3 個の勘定を計算する際，それぞれを計算するところまではよかったが，合計を計算するときに，二数を足す代わりに掛けて答えを出してしまった．出た答えは 4.05 ドルだったのだが，実は足しても掛けても答えは同じだった．コーヒー 1 杯もケーキ 1 個も 1 ドルより安いのだが，はたしてそれぞれいくらだったか．

[→p.075]

Q11 数の辞書

負でない整数が項目として英語で書いてある辞書を想像してみよう．英語で呼び名がないほど大きい数以外はすべて載っている．項目はアルファベット順になっている．「and」という単語は略せるので考えに入れないことにする．
（a）先頭の項目は何だろうか．また最後の項目は何だろうか．
（b）奇数のうち，最初に出てくる項目は何だろうか．
（c）最後から 2 番目の項目は何だろうか．
（d）奇数のうち，最も後に出てくる項目は何だろうか．

[→p.082]

Q12 数の蛇 1

1 から 42 までの数を次ページの 6 × 7 のマス目のなかに入れてほしい．ただし一つ違いの数は前後左右に隣り合うように入れること．11 と 20 と 30 はあらかじめ入れてある．

	11	20				
	30					

[→p.094]

Q13　数の蛇2

1から60までの数を下の6×10のマス目のなかに入れてほしい。ただし一つ違いの数は前後左右に隣り合うように入れること。14と29と46はあらかじめ入れてある。

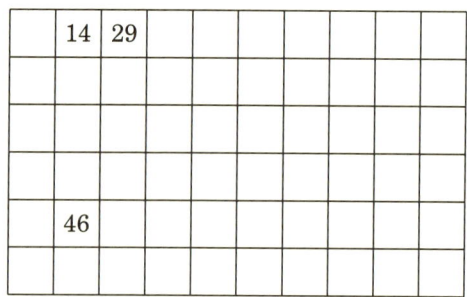

[→p.104]

Q14　おもちゃを分ける

おとうさんは，おもちゃを7個買った．それぞれ25, 27, 30, 41, 58, 87, 95ドルだった．おとうさんは，二人の子供に合計金額が同

じになるようにそのおもちゃを与えたのだが，どのように与えたのか． [→p.110]

第2章
数のパズル

計算能力はこの章のパズルを解いてみるのにとても役立つ．いくつかはその通りまともに計算すればよいが，あるものは注意深くすることが必要だ．楽しんで解いてほしい．

Q15 回る円盤

円盤が二つあり，それぞれ直径が 12 と 14 である．大きい円盤を固定しておいて，小さい円盤をそれに接するようにして滑らないように周りを回転させる．小さい円盤の上の点 P と，大きい円盤の上の点 Q が最初にくっついているとする．小さい円盤を回転させていって，再び P 点と Q 点がくっつくまでに，小さい円盤自体の回転 (つまり自転) は何回起きるだろうか．

[→p.116]

Q16 円周率の抵抗

今，6 個の電気抵抗があり，それぞれ 1/2, 1, 1, 3/2, 5/3, 2 オームだとする．これらをつなぎ合わせて，円周率 3.14159265… オームに可能な限り近い回路を作ってほしい．

[→p.126]

Q17 野球の打順

次のような野球のチームはどんな打順だろう．背番号は 1 から 9 ま

でである．どの人も，背番号とその打順は違う数である．偶数の背番号の人はみな偶数番目の打順である．となりあった打順の人どうしは，背番号の差が1より大きい．

[→p.131]

Q18 組の合計

だれかが四つの正の整数 a, b, c, d を選んだ．その六つの対の和，$a+b, a+c, a+d, b+c, b+d, c+d$ のうち，五つの値が 25, 36, 37, 48, 54 になったという．この四つの整数は何だろう．

[→p.135]

Q19 橋を渡る

（a）6人の人がこちら岸にいて，橋を渡ろうとしている．そして 31 分の間に全員がむこう岸へ渡らなければいけない．どうすればよいだろう．ただし，闇夜なので，川に落ちないためには，必ず渡るときに懐中電灯を持っている必要があるが，懐中電灯は一つしかない．また同時に二人しか橋を渡れない．そして6人の歩く速さが違う．第一の人は渡るのに1分，第二の人は3分，第三の人は4分，第四の人は6分，第五の人は8分，第六の人は9分かかる．もちろん二人で歩くときは遅いほうの人に合わせて歩かないといけない．
（b）7人の人がいて，橋を渡るのにそれぞれ 1, 2, 6, 7, 8, 9, 10 分かかり，同時に3人渡ることができるとき，25分の間に渡るにはどうすればよいか．

[→p.141]

Q20　組合せの決まり1

下の図で，数を組み合わせる決まりを発見してほしい．88と63を組み合わせて25を作り，9と25を組み合わせて16を作り，……というように続いている．その決まりによると x は何になるか．

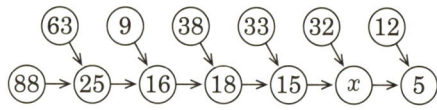

[→p.076]

Q21　組合せの決まり2

下の図で，数を組み合わせる決まりを発見してほしい．34と16を組み合わせて18を作り，32と18を組み合わせて14を作り，……というように続いている．その決まりによると x は何になるか．

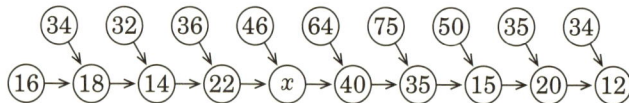

[→p.082]

Q22　クロスナンバーパズル──数のクロスワード

次ページのそれぞれのヒントのなかで，p, q, r, s はみな奇数の素数であり，また x と y は1より大きい．各ヒントのなかで，違う文字は違う数を表している．違うヒントのなかの同じ英字は同じ数であるとは限らない．

問題　第2章 数のパズル

横のヒント

1. 完全数
3. p^x
5. x^2
7. p^q
8. $p^2 q$
10. $p^p q$
11. p^{x+1}
14. x^5
15. $pqrs$ でかつ回文数
16. 奇数
18. $p^q q$
19. x^3
21. $2^p p^2 q$
22. x^2
24. 横 15 の中の p, q, r, s のどれか
25. 横 24 で割り切れる

縦のヒント

1. $2p$
2. pqr
3. p^2
4. フィボナッチ数列 ($1, 1, 2, 3, 5, 8, 13, \cdots$) の中の p
6. $2pq$
7. 13 で割ると余りが 11
9. 回文数
10. 1 から 6 までの数字を一つずつ使った数
12. p
13. p
16. $2^x p^y$
17. x^3, 偶数
18. pq
20. x^2
21. p
23. 横 8 と同じ数字で終わる

[→p.095]

Q23 不思議な数列

次の数列の決まりは何だろう．そして，初めて出てくるのがもっとも遅い数は何だろうか．（訳注：英語に関係がある）

20, 23, 5, 14, 20, 25, 20, 23, 5, 14, 20, 25, 20, 8, 18, 5, 5, 6, 9, 22, 5, 6, 15, 21, 18, 20, 5, 5, 14, 20, 23, ⋯

[→p.105]

Q24 9の階乗

$1, 2, 3, \cdots, 9$ という9個の数字（つまり1桁の整数）は合計が45で，掛け合わせたものは $9! = 362880$ である．では，9個の数字（同じものを含んでいてもよい）で，合計と，掛け合わせたものとがこれと同じになる組合せは何であるか．

[→p.110]

Q25 小町素数

（a）1から9までの数字を少なくとも一つ含むような最小の素数を見つけてほしい．
（b）0から9までの数字で同様の素数を見つけてほしい．

[→p.117]

Q26 何通りだろう

三つの整数の等比数列で，その合計が111になるものはいくつあるだろう．

[→p.128]

Q27 12個の金のピラミッド

二人の兄弟が 12 個の金のピラミッドを持っている．それぞれその高さは $1, 2, 3, \cdots, 12\,\mathrm{cm}$ だ．これをちょうど重さが半分になるように山分けするにはどうしたらよいか．

[→p.132]

第3章
幾何パズル

とてもやさしいものから，ものすごく難しいものまでいろいろある．この章のパズルであなたの空間把握能力が鋭くなるに違いない．

Q28 四つの立方体

図のように四つの立方体がある．区切りは等間隔だ．そのなかに三つの点 A, B, C がある．その三角形 ABC の 3 頂点の角度を，可能な限りやさしく求めてほしい．

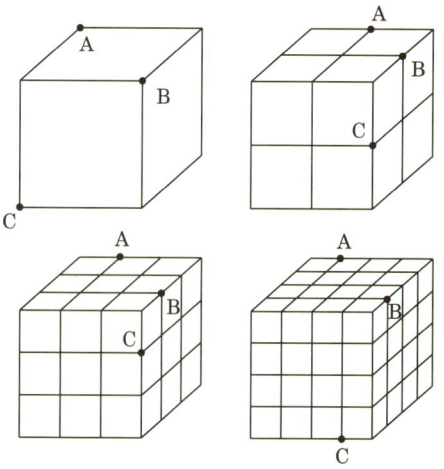

[→p.136]

Q29 格子点上の多角形

辺の長さが，つながっている順番に $1, 2, 3, \cdots, n$ である多角形を考

える．そしてその頂点は格子点の上にあるとする．つまり頂点の x, y 座標は整数値である．多角形は辺や頂点が交わったりくっついたりしない（隣りにつながっているだけ）．また頂点の角度が 0 度や 180 度になったりしない．

（a）そのような多角形で，辺の数がもっとも少ないものを探してほしい．

（b）そのような多角形で，辺の数が，奇数であってもっとも少ないものを探してほしい．

[→p.143]

Q30 7個のクッキー

大きな円形の生地から 7 個のクッキーを切り出したところである．残りのうち，a と b を合わせたものはクッキー 1 個に対してどれくらいの割合か．

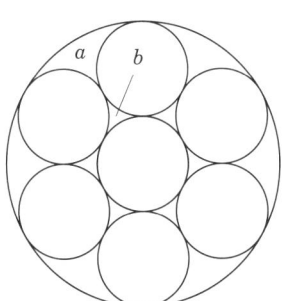

[→p.076]

Q31 格子点上の五角形

正五角形を普通のグラフ用紙に書くことを考える．その 3 個以上の頂点を格子点（座標が整数値の点）の上に配置することができるか．

[→p.084]

Q32 長方形から切り出す

$1 \times R$ の長方形から $1 \times r$ の長方形二つを，図のようにぴったり合わせて切り出すとする．このとき r はどんな割合でなければならないか（$R < 2$）．

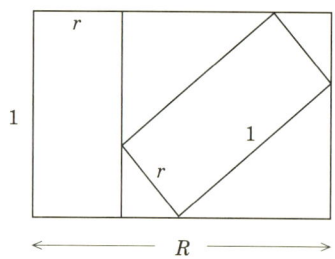

[→p.095]

Q33 クッキーを切る

円形のクッキーを，同じ面積になるように三つに切る．2回包丁を入れ，その切れ目がまっすぐで，互いに垂直になるようにするにはどうすればよいか．

[→p.105]

Q34 三つに切る

正六角形を半分に切った台形がある．これを，相似な（つまり形が同じ）三つのタイルを組み合わせて作ってほしい．どのタイルも大きさが違う．タイルは裏返しで使ってよい．各タイルは有限個の辺でできた，ひとつながりの図形でないといけない．答えは二つ知られている．

[→p.110]

Q35　四つに切る

正六角形を半分に切った台形がある．これを，相似な（つまり形が同じ）四つのタイルを組み合わせて作ってほしい．ただし：

（a）四つのタイルがみな同じ大きさの場合（答えは二つ知られている）．
（b）三つのタイルが同じ大きさで，一つが違う場合（答えは三つ知られている）．
（c）二つのタイルが同じ大きさで，別の二つはそれと違う同じ大きさの場合（答えは二つ知られている）．

タイルは裏返しで使ってよい．各タイルは有限個の辺でできた，ひとつながりの図形でないといけない．

[→p.117]

Q36　三角形を数える

下の図の頂点を選んで作れる，直角三角形でない二等辺三角形をすべて示せ．

（a）Yペントミノ形（16個）　　（b）Nペントミノ形（15個）

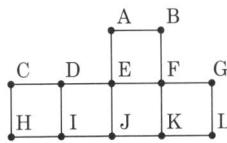
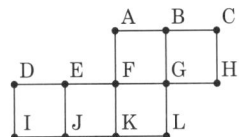

(c) Pペントミノ形 (14個)　　(d) Xペントミノ形 (20個)

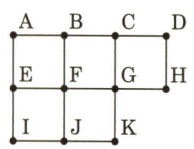
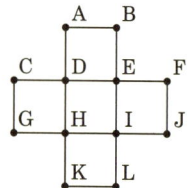

(e) Zペントミノ形 (20個) 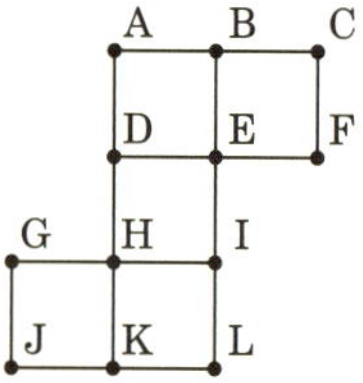　　(f) Fペントミノ形 (20個)

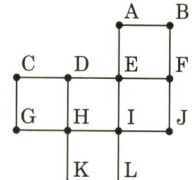

[→p.128]

Q37　魚と虹

次の形のなかの頂点を選んで作れる直角二等辺三角形はいくつあるか．

(a) 魚　　(b) 虹

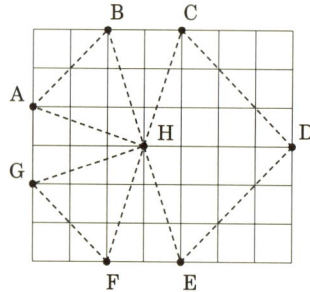
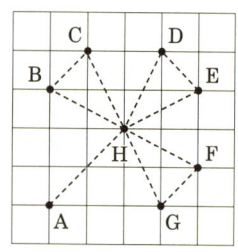

[→p.132]

Q38 小谷の蟻

$1 \times 1 \times 2$ の直方体の表面を歩く蟻がいる．
（a）蟻は今，一つの頂点 P にいる．そこから蟻にとって一番遠い場所はどこだろう．反対側の頂点 P′ ではないのだ．
（b）さらに，この直方体の表面で，蟻にとってもっとも遠い 2 点はどことどこで，その距離はいくらか．

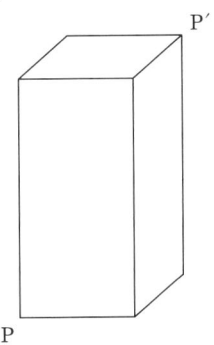

[→p.137]

Q39 クモとハエ

$1 \times 2 \times 3$ の直方体の箱があり，その内側の一つの隅にクモがいる．
（a）クモはその床，壁，天井を歩いて行けるとすると，ハエは箱のなかでどこにいればよいだろうか．その場所はクモが歩いていくのに一番遠い場所とする．そのときクモがハエまで歩く距離はどれほどか．
（b）ハエは，自分とクモとをそのなかの好きな場所に配置できるとする．クモが歩いてくる距離を最大にするにはどのように配置すればよいか．そしてそのときクモが歩く距離はどれほどか．

[→p.144]

Q40 | 最小タイル貼り

テトロミノは正方形を4つつないだ形である．I, T, L, O テトロミノ（図の左の四つ）のどれを使っても作れる図形のうち，最小の面積のものは 4 × 4 の正方形である．

それでは最後の N テトロミノも加えて，この 5 種のどれを使っても作れる図形で，最小面積のものはどんな図形だろう．

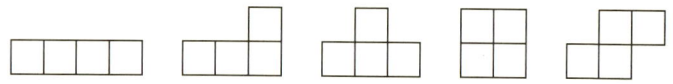

[→p.076]

Q41 | N 個の正方形

平面上に N 個の正方形を重ならないように配置して，どの正方形も他の三つの正方形と辺が接するようにする．点で接するのはだめである．正方形の大きさが異なってもよいとしたら，可能な一番小さい N はいくつで，どんな形になるだろう．

正方形の大きさが全部同じとしたら，可能な一番小さい N はいくつで，どんな形になるだろう．

[→p.084]

Q42 | ワインの瓶を積み上げる

底面が水平な，長方形の形のワイン瓶の棚がある．瓶はすべて同じ大きさで，断面が円である．次ページの図のように，棚の横幅は3本の瓶の分（たとえば A, B, C）よりは大きいが，4本目には足りない．

下から順に説明する．普通に置くと，瓶 A と瓶 C が側面に押しつけられる．下から 2 番目の層は，二つの瓶 D, E であるが，それが下の瓶 B を A と C の間のどこかに固定することになる．3 番目の層は，瓶 F, G, H で，F と H は棚の側面にくっついている．4 番目の層はまた二つの瓶 I, J である．底にある B が真ん中になければ，2 番目，3 番目，4 番目の層はどれもさまざまに傾いていて，傾きは B の位置によって違ってくる．

ここで，5 番目の層つまり瓶 K, L, M も同様に K と M を側面につけ，L を I と J の間に配置する．そうすると，B がどんな位置にあっても，図のような配置が可能なときはいつでも K, L, M が完全に水平になることを証明してほしい．

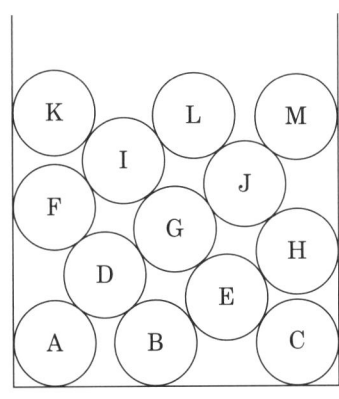

[→p.096]

Q43 | 川渡り

次ページの図のように直角にジグザグに折れ曲がった幅 10 m の川がある．長さ L m，幅 1 m の 2 枚の薄い板を川に渡して一方の側から他方に渡る．渡るのに成功する最も小さい L の値はどれほどだろうか．

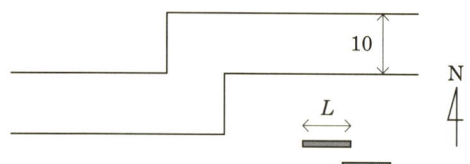

[→p.106]

Q44 | 内側の四角

図のように面積が 1 の三角形の二辺をそれぞれ，点 A, B と点 C, D で 3 等分する．このとき内部の四辺形 TUVW の面積はどれほどだろうか．

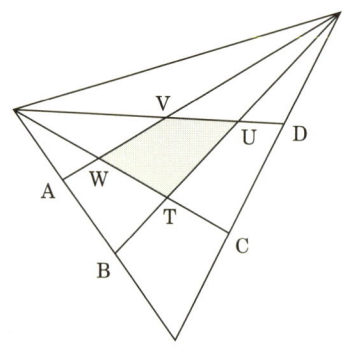

[→p.111]

Q45 | 傾いた道

1 km 四方の土地のほぼ対角線上に，幅 10 m の直線の道路が通っている．三角形 ABC の面積はどれほどか．

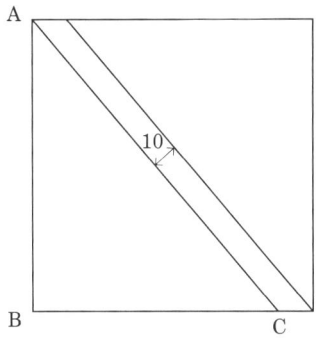

[→p.118]

Q46 球形の氷山

氷の比重が 0.9 で,水の比重が 1 だとする.直径 1 km の球形の氷山が海の上に浮いている.氷山の頂上は海抜何 m か.

[→p.129]

Q47 三角から正方形へ

図のような 36 個の小正方形でできた図形がある.これを三つに分割して,それをまた合わせて正方形を作りなさい.

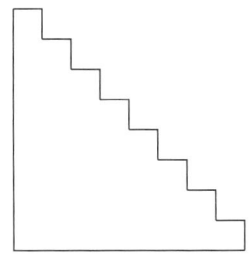

[→p.133]

Q48 同形3分割問題

図のような 36 個の小正方形でできた図形がある．これを合同な図形三つに分割しなさい．なお，ある図形を裏返した図形は，元の図形と合同であると考える．

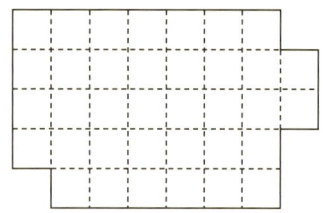

[→p.138]

Q49 1通りのドミノ並べ

3×4 の長方形は 6 個のドミノ（1×2 の長方形）を並べて作れる（6 畳の畳の部屋と同じ）．一つのドミノを図のように置くと，ほかの五つのドミノの置き方は 1 通りに決まる．それでは，5×6 の長方形（15 畳の部屋）で，二つのドミノを固定して，残りの 13 個のドミノの置き方が 1 通りに決まるようにするにはどうすればよいか．

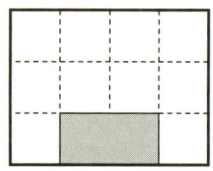

[→p.145]

Q50 最短の切り取り

正三角形を四つの同じ面積の図形に切り分ける．ただし，切り口の長さの合計が最小になるようにしたい．次の二つの場合について考えよ．

（a）辺や分岐点まで直線だけで切る場合．
（b）どんな曲線で切ってもよい場合．

[→p.077]

第4章
論理のパズル

ここには論理的に考えて解くパズルを並べた．楽しんで解いてみてほしい．

Q51　1枚の偽コイン

あなたは1枚の本物のコインを持っている．一方，机の上には5枚のコインがあり，そのうち1枚が偽物であることがわかっている．偽コインは本物と重さが違うが，軽いか重いかはわかっていない．皿が2枚ある普通の天秤ばかりを2回使って偽コインを見つけ出しなさい．

[→p.084]

Q52　2枚の偽コイン

今，7枚のコインがあり，そのうち2枚が偽コインであることがわかっている．偽コインは本物より重く，またその2枚は同じ重さである．皿が2枚ある普通の天秤ばかりを3回使って偽コインを見つけ出しなさい．

[→p.097]

Q53　帽子の論理

小さい紙が5枚ある．そのうち3枚には数7が書いてあり，残りの2枚には数11が書いてある．そこから3枚を選び，学者A, B, Cの帽子に1枚ずつ貼る．残りの2枚は隠しておく．学者たちは

それぞれ自分の帽子の数は見えず，相手のものしか見えない．学者たちは頭がよく，論理的に正しく推論をするとし，そのことも3人は知っているとする．彼らは，自分の帽子に何が書いてあるか尋ねられる．

　A「わたしには自分の帽子の数が何かわかりません」
　B「わたしには自分の帽子の数が何かわかりません」
　学者Cの帽子の数字は何だろう．

[→p.106]

Q54　妖精たちと怪物

あなたは，50匹の妖精のうちの1匹で，怪物に囚われている．怪物はみんなを暗い部屋に閉じ込めて，それぞれの妖精のひたいにトランプの1セット52枚のうちの50枚を1枚ずつ貼る．そして明りを点けて一人ひとり順番に「あなたのひたいのカードは何?」と尋ねる．

あなたには自分以外の49枚のカードは見える．また，自分より前に答える妖精の答えは聞こえる．しかしどの妖精も1枚のカードを答えることしか許されていない．そして正しく自分のカードを当てた妖精だけが解放される．事前にあなたは他の妖精たちと十分協議できる．必ず解放される妖精の数を最大にする方法を考えてほしい．

[→p.112]

Q55　帽子をかぶった4人の男

4人の男A, B, C, Dが頭だけ出して地面に埋められていて，帽子をかぶらされている．見回したり，振り向いたりできず，手足も使

えない．だれか一人でも自分の帽子の色を言わなかったら（違う色を言っても，またなにも言わなくても），全員が殺される．だれも自分の帽子が見えない．

AとBは先頭にいて，二人には他の人の帽子が見えない．CはBの帽子が見える位置にいる．DはBとCの帽子が見える位置にいる．みんな帽子には黒が二つと白が二つあることを知っている．自分の帽子の色以外のことを言うと殺される．

1分後に4人のうち一人が正しい答えを言った．だれが言ったのか．またその人はどうやって自分の帽子の色を知ったのか．

[→p.118]

Q56 帽子をかぶった5人の男

5人の頭の良い学者の囚人がいて，おかれている状況をよくわかっているとする．みなは頭だけ出して地面に埋められていて，帽子をかぶらされている．見回したり，振り向いたりできず，手足も使えない．彼らの一人（だれでもかまわない）が自分の帽子の色を言うことがない場合（違う色を言っても，またなにも言わなくても），全員が殺される．

かれらは輪の形に埋められていて，それぞれ自分のすぐ背後の一人の帽子だけが見えない．死刑執行人は黒い帽子三つ，赤い帽子二つ，白い帽子一つからでたらめに取り出してそれぞれの囚人にかぶせる．そのことを囚人たちは知らされるが，残りの一つの帽子の色は教えてもらえない．どの色の帽子の囚人が最初に自分の帽子の色を言うのだろう．またいつでも全員が助かることを示せ．

[→p.129]

Q57 騎士とならずもの

（a）ある島には 6 人の住人がいる．3 人はならずもので，いつもうそをつく．一人は騎士で，いつも本当のことをいう．二人は普通人で，ときにはうそをつき，ときには本当のことをいう．彼らは外見では区別がつかない．彼らに「はい」か「いいえ」で答える質問を何回かして，だれが騎士であるかを判断できるか．
（b）ならずもの 3 人，騎士 2 人，普通人 4 人ならどうか．

[→p.133]

Q58 和と積1

1 より大きい二つの整数 x, y がある．両者は同じ数でもかまわない．学者 A の帽子にはその積が，学者 B の帽子にはその和が書かれている．それぞれ自分の帽子の数は見えず，相手のものしか見えない．学者たちは頭がよく，論理的に正しく推論をするとし，そのことも両者は知っているとする．彼らは次のように話す．

　B「わたしには自分の帽子の数が何かわかりません」

　A「今，わたしは自分の帽子の数が何かわかりました」

　A と B の帽子の数は何だったのだろう．

[→p.138]

Q59 和と積2

1 より大きい二つの整数 x, y がある．両者は同じ数でもかまわない．学者 A の帽子にはその積が，学者 B の帽子にはその和が書かれている．それぞれ自分の帽子の数は見えず，相手のものしか見えない．学者たちは頭がよく，論理的に正しく推論をするとし，その

036

ことも両者は知っているとする．彼らは次のように話す．

B1「わたしには自分の帽子の数が何かわかりません」
A1「わたしには自分の帽子の数が何かわかりません」
B2「わたしには自分の帽子の数が何かわかりません」
A2「わたしには自分の帽子の数が何かわかりません」
B3「わたしには自分の帽子の数が何かわかりません」
A3「今，わたしは自分の帽子の数が何かわかりました」

AとBの帽子の数は何だったのだろう．

[→p.145]

Q60 和および二乗の和

互いに素な正の整数 x, y がある．学者Aの帽子にはその和が，学者Bの帽子にはそれぞれの平方の和が書かれている．それぞれ自分の帽子の数は見えず，相手のものしか見えない．学者たちは頭がよく，論理的に正しく推論をするとし，そのことも両者は知っているとする．彼らは次のように話す．

A1「わたしには自分の帽子の数が何かわかりません」
B1「わたしには自分の帽子の数が何かわかりません」
A2「わたしには自分の帽子の数が何かわかりません」
B2「わたしには自分の帽子の数が何かわかりません」
A3「わたしには自分の帽子の数が何かわかりません」
B3「わたしには自分の帽子の数が何かわかりません」
A4「わたしには自分の帽子の数が何かわかりません」
B4「わたしには自分の帽子の数が何かわかりません」
A5「今，わたしは自分の帽子の数が何かわかりました」

AとBの帽子の数は何だったのだろう．

[→p.079]

Q61 和と積3

整数 $x > 0$, $y > 1$ がある．両者は同じ数でもかまわない．学者 A の帽子にはその積が，学者 B の帽子にはその和が書かれている．それぞれ自分の帽子の数は見えず，相手のものしか見えない．学者たちは頭がよく，論理的に正しく推論をするとし，そのことも両者は知っているとする．彼らは次のように話す．

A1「あなたはあなた自身の帽子の数が何かわかることはない」
B1「今，わたしは自分の帽子の数が何かわかりました」
A2「今，わたしは自分の帽子の数が何かわかりました．
　　わたしたちの帽子の数の合計は 300 より小さいね」

A と B の帽子の数は何だったのだろう．

[→p.085]

Q62 和と積4

互いに素な整数 $x > 1$, $y > 1$ がある．学者 A の帽子にはその積が，学者 B の帽子にはその和が書かれている．それぞれ自分の帽子の数は見えず，相手のものしか見えない．学者たちは頭がよく，論理的に正しく推論をするとし，そのことも両者は知っているとする．彼らの一人が，相手に向かって，「あなたはあなた自身の帽子の数が何かわかることはない」と言うと，相手は，「今，わたしは自分の帽子の数が何かわかりました．あなたの帽子の数は 1890 ですよ」と言った．

A と B の帽子の数は何だったのだろう．

[→p.098]

Q63 | 3人の学者

3人の学者 A, B, C が正の整数の書かれた帽子をかぶっている．ある帽子には，ほかの二つの帽子の数の和が書かれている．それぞれ自分の帽子の数は見えず，相手のものしか見えない．学者たちは頭がよく，論理的に正しく推論をするとし，そのことも3人は知っているとする．彼らは次のように話す．

　A1「わたしには自分の帽子の数が何かわかりません」
　B1「わたしには自分の帽子の数が何かわかりません」
　C1「わたしには自分の帽子の数が何かわかりません」
　A2「わたしには自分の帽子の数が何かわかりません」
　B2「わたしには自分の帽子の数が何かわかりません」
　C2「わたしの帽子の数は360360です」

AとBの帽子の数の組合せとして可能なものは何だろう．

[→p.107]

Q64 | 盲目の論理

3人の学者 A, B, C が，0から9までのどれかの数字が書かれた帽子をかぶっている．その数字三つをうまく並べると平方数になる．つまり 10^2 から 31^2 までのどれかになる．A と C には，自分以外の二人の帽子の数字が見えるが，自分の数字は見えない．B は目が見えない．学者たちは頭がよく，論理的に正しく推論をするとし，そのことも3人は知っているとする．みんなに自分の帽子を推論できるかたずねた．すると長い沈黙があり，そのあと，B が「わたしは自分の帽子の数字がわかりました」と言った．B の帽子の数字は何だろう．また A と C の数字の可能性としてどのような場合があるか．

[→p.112]

Q65 鐘を鳴らす

二人の学者 A, B が 0 から 19 までの整数どれか一つが書かれた帽子をかぶっている．そして二人の帽子の数の和は，6, 11, 19 のどれかである．鐘がときどき鳴るが，その直後にすぐ自分の帽子の数を言うと賞がもらえる．だれも 11 回目の鐘まで自分の帽子の数がわからなかった．12 回目の鐘の直後，A が自分の帽子の数を言い，賞をもらった．A と B の帽子の数字は何だろう．

[→p.119]

Q66 偽コインの山？

目の前に，それぞれ 5 枚のコインが積んである，三つの山がある．そのなかに偽のコインの山が一つだけあるか，一つもないかどちらかである．本物のコインは 1 枚 20 グラムである．偽コインは 1 枚，17 グラムか 18 グラムか 19 グラムであるとわかっている．どの山も，そのなかのコインは全部同じ重さである．普通の計量秤を 1 回だけ使って，偽コインの山があるかどうか，そしてそれがある場合にはそのコインの重さを当ててほしい．

[→p.130]

Q67 偽コインの山1

目の前に，それぞれ 16 枚のコインが積んである，五つの山がある．そのなかに偽のコインの山が四つ以上あることはない．本物のコインは 1 枚 10 グラムである．また偽コインは 1 枚 9 グラムであるとわかっている．どの山も，そのなかのコインは全部同じ重さである．普通の計量秤を 1 回だけ使って，もしあるなら，どの山が偽コ

インの山であるかを当ててほしい．

[→p.133]

Q68 | 偽コインの山2

目の前に，それぞれ7枚のコインが積んである，四つの山がある．また二つの受け皿がある計量秤がある．その秤は二つの皿の上のものの重さの差を表示する．どの山でも，そのなかのコインは全部同じ重さである．二つの山のコインは1枚10グラムの本物で，残りの二つの山のコインは1枚9グラムの偽コインであるとわかっている．なるべく少ないコインを使って，1回計るだけで，それぞれの山がどちらなのかを当ててほしい．

[→p.139]

Q69 | 偽コインの山3

目の前に，それぞれ3枚のコインが積んである，17の山がある．また二つの受け皿がある計量秤がある．その秤は二つの皿の上のものの重さの差を表示する．偽コインの山が一つあり，そのなかのコインは全部同じ重さである．偽コインは本物のコインと6グラム以内の重さの違いがある．本物のコインの重さはわかっていない．秤を2回だけ使って，偽コインの山を見つけ，本物のコインの重さを決めなさい．

[→p.146]

第5章
分析パズル

この章のパズルはいろいろな状況での数学的な分析能力を育てるものだ．楽しんでやってみてほしい．

Q70 複雑な立方根

簡単化せよ．
$$x = (2 + 10/\sqrt{27})^{1/3} + (2 - 10/\sqrt{27})^{1/3}$$

[→p.080]

Q71 島から島へ

あなたはいま孤島にいて，n 台の飛行機を持っているとする．飛行機はみな同じもので，燃料やパイロットは常に十分そろっているとする．そして目標となる島に全部の飛行機が行くことを考える．そちらにも燃料とパイロットはそろっている．飛行機は燃料をいっぱいにすると，1 単位距離を飛べる．飛行機は一定速度で飛び，燃料は一定割合で消費する．燃料の給油は即座に行える．地上給油だけでなく，飛行機から飛行機への空中給油も可能である．

飛行機が 2 台あったら，2 台ともが 4/3 単位距離だけ離れた島まで行ける．すなわち，飛行機 p_1 と p_2 が飛び立ち，1/3 進んだところで p_2 から p_1 へ 1/3 だけ空中給油する．p_2 は引き返す．p_1 は満タンになって 1 単位距離飛び，目標の島に着く．p_2 は地上で満タンに給油し再び出発する．p_1 は目標の島で満タンにして 1/3 引き返す．そこで p_1 が p_2 に 1/3 だけ給油する．そして両者そろっ

て目標の島へ安全に着く．それでは，
(a) 飛行機が3台あったらどこまで行けるだろう．
(b) 飛行機が4台あったらどこまで行けるだろう．

[→p.086]

Q72 惑星一周の飛行

あなたはいま孤島にいて，n 台の飛行機を持っているとする．飛行機はみな同じもので，燃料やパイロットは常に十分そろっているとする．飛行機は燃料をいっぱいにすると，1単位距離を飛べる．飛行機は一定速度で飛び，燃料は一定割合で消費する．燃料の給油は即座に行える．地上給油だけでなく，飛行機から飛行機への空中給油も可能である．あなたは球形の惑星にいて，いまいる島以外は全部海であるとする．そして1台の飛行機が北極と南極を通って惑星を一周することを目指す．ほかの飛行機も安全に島に戻ってこなければいけない．

飛行機が1台あったら惑星の一周が1単位距離までなら可能である．飛行機が2台あったら一周が 5/3 単位距離までなら可能である．それでは，
(a) 飛行機が3台あったら一周が何単位距離までなら可能だろう．
(b) 飛行機が4台あったら一周が何単位距離までなら可能だろう．

[→p.098]

Q73 色付けした点

円周のすべての点を赤か青に塗り，その円に内接するすべての直角三角形について，どの直角三角形の3頂点も同色にならないようにすることが可能であることを示せ．

[→p.107]

Q74　市松模様の正方形

12×12 のマス目に区切られた正方形の盤があり，市松模様に白黒に塗り分けられている．1回の操作で一つの横列か一つの縦列の色をみな逆の色にする．何回かこの操作をして盤を全部黒か全部白にできるか．

[→p.113]

Q75　家の番号

通りを歩いていると，道の左側の家には順に，$1, 4, 9, \cdots, n^2$ という番号が，右側の家には $1, 16, 81, \cdots, n^4$ という番号がついていた．右側の番号の合計が，左側の番号の合計に，平方数をかけたものになるのは，n がどんな場合か．

[→p.119]

Q76　整数の方程式

次の方程式の正や負の整数解をすべて求めてほしい．
$$2xy + 13x - 5y - 75 = 4x^3$$

[→p.130]

Q77　試験の結果

4人の生徒が算数の試験を受けた．満点は100点で，各問の配点は同じである．

　A「4人の平均点は75点だ」
　B「ぼくは2問間違えた」

C「わたしは4問間違えた」
D「ぼくは6問間違えた」
Aが正しく答えた問は何問だっただろう．

[→p.134]

Q78 | 回文時計1

12時間表示のデジタル時計がわたしのベッドの横にある．時，分，秒が表示される．また「時」の上位の桁が0のときはそれを表示しない．わたしは起きたときその時計を見る．2, 3日前，起きたら，ちょうど回文時刻になっていた．それは前から読んでも後から読んでも同じ数字の列になっている時刻のことで，たとえば，12:33:21とか6:45:46のような時間だ．そのあとまた回文時刻になるまで待ち，そのあいだの時間を測っておいた．

昨晩ちょっと起きたらまた回文時刻になっていた．そしてまた次の回文時刻までの時間を測ったら，前の間隔のちょうど4倍になっていた．昨晩起きたときの回文時刻はいつだったのだろう．

[→p.139]

Q79 | 回文時計2

昔カリフォルニアで，連続する三つの回文時刻で面白いことが起きた．わたしの12時間表示のデジタル時計では，時，分，秒が表示され，「時」の上位の桁が0のときはそれを表示しない．一番目と二番目の回文時刻の間隔が，二番目と三番目の間隔のちょうど5倍だった．三番目の回文時刻はいつだったのだろう．（訳注：カリフォルニア時間では，2008年12月31日午後3時59分60秒といううるう秒があった）

[→p.147]

Q80 特別な数

次の数は特別である．

　　　　four, six, twelve, thirty, thirty-three, thirty-six

どのように特別なのだろうか．（訳注：英語に関係がある）

（a）どう特別なのかを考え，これ以降の特別な数のうち，平方数であるものを小さいほうから三つ示せ．

（b）立方数で特別なものを一つ示せ．

（c）二つの異なる素数の積である特別な数を二つ示せ．

[→p.080]

Q81 直交する整数の中線

3本の中線のうち2本が直角に交わる三角形を考える．

（a）そのような三角形で，3辺，および中線のうち2本（直角に交わる2本とは限らない）がみな整数の長さを持つ最小の三角形は何か．

（b）そのような三角形で辺と中線すべてが整数になるものは存在するか．

[→p.090]

Q82 正三角形への距離

平面上に正三角形 ABC と点 P があり，距離が PA = 1，PB = 2，PC = 3 となっている．正三角形の辺の長さはいくらか．

[→p.102]

Q83 | 二つの三角形

次の式が成り立つ整数 x, y, u, v を一組求めよ．
$$x^2 + y^2 = u^2, \quad x^2 - xy + y^2 = v^2$$

[→p.107]

Q84 | 三つの整数三角形

図の中で a から i までは整数の長さである．また 8 か所の角度が θ の倍数になっている．もっとも小さい i の値を求めよ．
(a) α に制限がない場合
(b) $\alpha < 90°$ の場合

[→p.113]

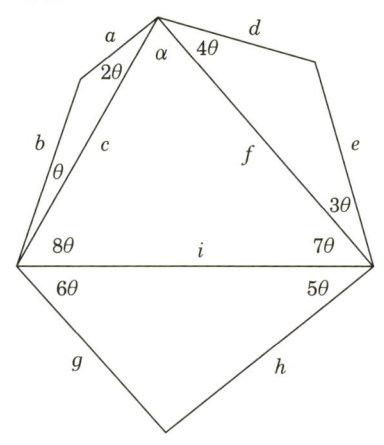

Q85 | あなたは医者

あなたのところには目盛りのない 5 cc と 3 cc の瓶，十分な量の水，水に溶ける 1 錠の薬がある．次の分の（水に溶けた）薬を作る方法を示せ．（訳注：液の濃度はどのようでもかまわない）

（a）1 錠の 10% 分が溶けた液
（b）1 錠の 13% 分が溶けた液
（c）1 錠の 1% 分が溶けた液
（d）1 錠の 7% 分が溶けた液

関連問題

- 5 cc と 4 cc の瓶で，1 錠の 50% 分，61% 分，74% 分，38% 分が溶けた液を作る．
- 10 cc と 7 cc の瓶で，1 錠の 40% 分，10% 分，50% 分，25% 分，29% 分，19% 分が溶けた液を作る．
- 10 cc と 9 cc の瓶で，1 錠の 30% 分，40% 分，50% 分，5% 分，41% 分，57% 分，33% 分が溶けた液を作る．

[→p.120]

第6章
確率のパズル

確率や統計の法則はちょっととっつきにくいかもしれない．注意深く考える必要がある．うまく解いてみてほしい．

Q86 パズル菌の検査

ある集団で，パズル菌に感染している率は 1000 人に 1 人である．そのうちの一人の A さんが感染の検査を受けたら，陽性と出た．ただしこの検査は 95% の確率で正しい結果を出すものであった．では A さんがほんとうに感染している確率はどれくらいか．

[→p.130]

Q87 ランダムな円弧

円の周上にランダムに 2 点を取り，結んで線分を引く．さらに別の 2 点をランダムに選び線分を引く．この二つの線分が交叉している確率はどれほどか．

[→p.134]

Q88 立方体の三角形

立方体の頂点からでたらめに 3 点を取る．
（a）その三角形が鋭角三角形である確率はいくつか．
（b）その三角形が直角三角形である確率はいくつか．

[→p.139]

Q89 誤植

出版社は二人の校正者に校正刷りを渡した．第一の人は 252 個の誤植を見つけた．第二の人は 255 個を見つけた．ところが不思議なことに，両者ともに見つけた誤植が 20 個しかなかった．両者が見つけていない誤植はどれほどあると推定されるか．

[→p.147]

Q90 ずれた平均

あるアパートには 3 家族が住んでいる．一家族当りの子供の数は平均 4 人であった．ところが子供一人当りの兄弟姉妹の数は，平均 5 人だった．こんなことがあるのだろうか．

[→p.080]

Q91 うろつく蟻

（a）正八面体の形をしたランプシェード（照明のかさ）がある．時刻 $t = 0$ 分に蟻はその一つの頂点にいて，四つの稜のうちどれかをでたらめに選んで歩いていき，時刻 $t = 1$ 分に別の頂点に着く．そうしたらすぐさまた同じことをして $t = 2$ 分には別の頂点（最初の頂点でもよい）に着く．このことをずっと続けるとすると，蟻が最初の頂点のちょうど反対側にある頂点に着くまでの平均時間はどれほどか．
（b）立方体ではどうか．
（c）正十二面体ではどうか．
（d）正二十面体ではどうか．

[→p.090]

Q92 コイン投げ

正方形のタイル張りの床に円盤をでたらめに投げる遊びをする．円盤が少なくとも二つのタイルに重なり，またタイルの角の上に来ないときあなたの勝ちだ．図では，AとBが勝ちで，CとDが負けである．あなたが円盤の直径を変えられるとすると，得られる最大の確率はいくらか．またそのときの円盤の大きさはどれくらいか．

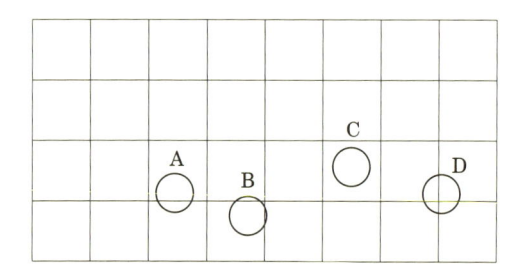

[→p.102]

Q93 火曜日の子供

ある人が「わたしには子供が二人います．少なくとも一人は，男です．彼は火曜日に生まれました」と言った．両方の子供が男である確率はいくつか．

[→p.108]

Q94 猿とタイプライタ

無限の猿定理というのは，猿が無限時間タイプライタのキーをランダムにたたくと，シェイクスピアの全作品といったものも含め，どんな種類の文章もそのなかのどこかでかならず（確率1で）印字されるというものである．いま，10億台のコンピュータがあって，

それぞれが毎秒10億文字の英文字を印字し，これを10億年続けたとしよう．文字は100種類で，それをでたらめに印字するとする．この文字列を全部つないだものの中に，"To be or not to be" という18文字（スペースを含む）が含まれている確率はどのくらいだろうか．

[→p.114]

Q95　πのなかの聖書

スペース = 00, A = 01, B = 02, C = 03 というようにして100種類までの英文字や記号に数字を割り当てる．そうすると無限の猿定理によれば，円周率 π の10進表現のなかに（その数字列がランダムと仮定すると），十分長く数字を見れば，どんな文章であろうと含まれる．ある報告によると，聖書には773746語の単語，3566480文字が含まれるそうである．全部で，スペースもふくめて数えると，4340225字あることになる．上記のように数字に直すと，その倍の，8680450個である．上記の考え方にしたがえば，π のなかでこの数字列に出会うために，何桁ほど調べなければならないか．

[→p.124]

Q96　π中にDick Hessを探す

Q95と同じように英字とスペースを数字2文字に対応させるが，その対応関係を好きなように決めてよいとする．そうすると Dick Hess という文字列は π の10進表現の何桁目まで調べると見つかるか．

[→p.130]

第7章
算数さいころパズル

サム・リチーはマスダイス（MathDice，算数さいころとでもいうべきか）というゲームを発明した．シンクファンという会社で売り出されている．マスダイスは，さいころを投げて，1から6までの数字を三つ決め，その数をそれぞれ1回だけ使って，目標となる数になる式を作る遊びである．この章の問題は，0から9までの数をつかって目標となる数を作るものである．

最初の問題では，$+$，$-$，$\times$，$\div$，べき乗，小数点，かっこ，直結（つまり二つの数字をそのまま並べたもの，たとえば3と9を並べて39にするなど）を使ってよい．階乗，循環小数や他の数学的関数を使ってはいけない．（訳注：小数点の左が0だけのとき，0を省略してよい．0.5を.5とするなど）

一方の式から他方がすぐ出る場合は，同じ式とみなす．たとえば，$1 \div 2^{-3}$ と 1×2^3，$6 \times .5 - 1$ と $.6 \times 5 - 1$，$42 + 3$ と $43 + 2$ という組は等価とする．また，簡単のため $(.3-5)^6$ と $(5-.3)^6$ も同じものであるとする．

電卓を持ってきて，問題のいろいろな可能性を考える用意をしておくことを勧める．

Q97 29を作ろう

やってみよう．
(a) 29を1, 3, 9で作る
(b) 29を2, 3, 5で作る
(c) 29を2, 2, 6で作る

（d）29 を 3, 3, 9 で作る
（e）29 を 5, 5, 8 で作る
（f）29 を二通り，2, 6, 7 で作る
（g）29 を二通り，1, 1, 3 で作る
（h）29 を 3, 5, 5 で作る
（i）29 を 2, 2, 4 で作る

[→p.135]

このあとの算数さいころ問題は，高度なルールで行う．前のルールに加えて，循環小数，階乗，ルートが使える．数字の上に点を打って循環小数を表してよい．たとえば，$.\dot{2} = .222222\cdots$，$.\dot{2}\dot{3} = .23232323\cdots$，$.2\dot{3} = .23333\cdots$ であり，$.\dot{9} = .999999\cdots = 1$ である．

直結，小数点，循環小数は，数に付けなければいけない．それらを式に付けることはできない．たとえば，$(1+5).3$ などとしてはいけない．階乗の記号（!）は，整数の値になるような式にも付けられる．平方根ではルート（$\sqrt{}$）の左肩に 2 や，値が 2 になる式を書けない．他の累乗根では左肩に数字や式を書いてよい（たとえば立方根では，$\sqrt{}$ の肩に 3 や，値が 3 になる式を書くことになる）．「1/2 乗根」$\sqrt[1/2]{}$ （たとえば $\sqrt[1/2]{3} = 3^2 = 9$）なども可能である．式のなかの記号は有限回数だけ書くことができる．

Q98 連続する数字の問題

以下の問題には，高度なルールの，いろいろな記号の組合せや考え方が必要である．
（a）21 を二通り，1, 2, 3 で作る
（b）35 を三通り，1, 2, 3 で作る

(c) 45 を三通り，1, 2, 3 で作る
(d) 56 を三通り，1, 2, 3 で作る
(e) 56 を五通り，2, 3, 4 で作る
(f) 70 を三通り，2, 3, 4 で作る
(g) 38 を七通り，2, 3, 4 で作る
(h) 95 を 3, 4, 5 で作る
(i) 67 を三通り，3, 4, 5 で作る
(j) 52 を二通り，3, 4, 5 で作る
(k) 58 を三通り，4, 5, 6 で作る
(l) 13 を八通り，4, 5, 6 で作る
(m) 45 を七通り，4, 5, 6 で作る
(n) 9 を二通り，5, 6, 7 で作る
(o) 11 を二通り，5, 6, 7 で作る
(p) 94 を 5, 6, 7 で作る
(q) 40 を二通り，5, 6, 7 で作る
(r) 60 を四通り，5, 6, 7 で作る
(s) 10 を二通り，6, 7, 8 で作る
(t) 11 を 6, 7, 8 で作る
(u) 12 を二通り，6, 7, 8 で作る
(v) 16 を 6, 7, 8 で作る
(w) 39 を 6, 7, 8 で作る
(x) 11 を二通り，7, 8, 9 で作る
(y) 67 を 7, 8, 9 で作る
(z) 39 を 7, 8, 9 で作る

[→p.140]

Q99　75を作る

以下では75を作るパズルにチャレンジする．ここでも高度なルールを使う．

(a) 75を 5, 8, 8 で作る
(b) 75を二通り，5, 6, 6 で作る
(c) 75を 2, 2, 5 で作る
(d) 75を二通り，0, 5, 6 で作る
(e) 75を五通り，1, 5, 5 で作る
(f) 75を六通り，1, 2, 5 で作る
(g) 75を四通り，3, 5, 8 で作る
(h) 75を四通り，2, 4, 9 で作る

[→p.148]

Q100　10の倍数を作る

以下は10の倍数を作る課題だ．ここでも高度なルールを使う．

(a) 20を 1, 1, 8 で作る
(b) 60を二通り，2, 2, 2 で作る
(c) 70を二通り，2, 4, 8 で作る
(d) 100を三通り，4, 6, 7 で作る
(e) 50を 4, 8, 8 で作る
(f) 30を 0, 6, 7 で作る
(g) 90を 2, 2, 5 で作る
(h) 100を二通り，2, 3, 7 で作る
(i) 70を二通り，3, 5, 5 で作る
(j) 80を三通り，3, 7, 9 で作る
(k) 30を五通り，4, 6, 7 で作る

(l) 90 を二通り, 5, 5, 7 で作る

(m) 40 を二通り, 6, 6, 8 で作る

(n) 90 を二通り, 5, 8, 8 で作る

(o) 20 を二通り, 0, 3, 8 で作る

(p) 90 を 0, 5, 7 で作る

(q) 50 を六通り, 1, 3, 4 で作る

(r) 100 を四通り, 2, 3, 5 で作る

(s) 90 を三通り, 2, 5, 8 で作る

(t) 90 を 3, 4, 7 で作る

(u) 90 を 2, 6, 7 で作る

(v) 60 を四通り, 4, 6, 7 で作る

(w) 70 を 5, 7, 9 で作る

(x) 60 を 0, 3, 8 で作る

(y) 30 を 1, 1, 7 で作る

(z) 90 を二通り, 2, 3, 7 で作る

(A) 80 を二通り, 3, 6, 7 で作る

(B) 60 を五通り, 4, 7, 9 で作る

(C) 100 を四通り, 4, 8, 9 で作る

(D) 50 を五通り, 2, 5, 8 で作る

(E) 0 を二通り, 1, 5, 8 で作る

(F) 100 を 1, 4, 7 で作る

[→p.074]

Q101 29を高度なルールで作る

どれも 29 を作る問題である. 高度なルールを使う.

(a) 29 を 2, 5, 7 で作る

(b) 29 を 6, 9, 9 で作る

(c) 29 を 1, 5, 8 で作る
(d) 29 を 5, 8, 8 で作る
(e) 29 を二通り, 2, 7, 9 で作る
(f) 29 を 0, 7, 9 で作る
(g) 29 を 1, 6, 9 で作る
(h) 29 を二通り, 2, 4, 6 で作る
(i) 29 を 0, 3, 8 で作る
(j) 29 を四通り, 2, 6, 9 で作る
(k) 29 を 5, 6, 6 で作る
(l) 29 を 3, 6, 8 で作る
(m) 29 を二通り, 3, 4, 7 で作る
(n) 29 を 0, 5, 7 で作る
(o) 29 を 1, 1, 2 で作る
(p) 29 を三通り, 0, 5, 9 で作る
(q) 29 を五通り, 5, 6, 9 で作る
(r) 29 を三通り, 2, 4, 8 で作る
(s) 29 を五通り, 2, 4, 4 で作る
(t) 29 を二通り, 5, 6, 8 で作る
(u) 29 を 10 通り, 4, 5, 8 で作る

[→p.081]

Q102 難問算数さいころ問題

50 題以上の難問. 高度なルールを使う.
(a) 32 を二通り, 1, 3, 7 で作る
(b) 41 を 1, 1, 7 で作る
(c) 84 を 1, 3, 3 で作る
(d) 43 を二通り, 1, 4, 5 で作る

(e) 67 を 1, 5, 5 で作る
(f) 16 を二通り，1, 6, 6 で作る
(g) 16 を 1, 6, 7 で作る
(h) 57 を 2, 2, 3 で作る
(i) 76 を三通り，2, 3, 8 で作る
(j) 45 を二通り，2, 4, 8 で作る
(k) 26 を 2, 5, 7 で作る
(l) 22 を 2, 6, 7 で作る
(m) 32 を二通り，2, 6, 7 で作る
(n) 23 を 2, 6, 8 で作る
(o) 27 を 2, 7, 7 で作る
(p) 66 を 3, 3, 3 で作る
(q) 19 を三通り，3, 3, 5 で作る
(r) 23 を 3, 3, 7 で作る
(s) 27 を三通り，1, 7, 8 で作る
(t) 95 を 3, 4, 8 で作る
(u) 28 を二通り，3, 7, 8 で作る
(v) 32 を 3, 9, 9 で作る
(w) 58 を 4, 4, 7 で作る
(x) 45 を 4, 6, 7 で作る
(y) 87 を 4, 6, 8 で作る
(z) 84 を三通り，4, 7, 7 で作る
(A) 47 を四通り，4, 7, 9 で作る
(B) 76 を 4, 7, 9 で作る
(C) 82 を二通り，4, 8, 9 で作る
(D) 84 を四通り，4, 8, 9 で作る
(E) 66 を 5, 5, 5 で作る
(F) 56 を 5, 6, 6 で作る

(G) 13 を 5, 7, 7 で作る
(H) 27 を二通り, 6, 6, 7 で作る
(I) 13 を 6, 6, 8 で作る
(J) 35 を 7, 7, 8 で作る
(K) 55 を 6, 7, 9 で作る
(L) 49 を 0, 3, 3 で作る
(M) 31 を二通り, 0, 3, 8 で作る
(N) 41 を 0, 4, 8 で作る
(O) 4 を二通り, 0, 6, 7 で作る
(P) 32 を 0, 7, 8 で作る
(Q) 57 を二通り, 1, 4, 5 で作る
(R) 92 を 1, 4, 5 で作る
(S) 54 を三通り, 1, 4, 7 で作る
(T) 68 を 1, 5, 9 で作る
(U) 32 を 1, 6, 6 で作る
(V) 81 を 1, 7, 8 で作る
(W) 56 を 3, 3, 9 で作る
(X) 22 を 6, 6, 6 で作る

[→p.092]

Q103 脳がぶっとぶ算数さいころ

ここにあるのは知恵をフル回転させないと解けない難問だ．挑戦に値する最難関問題である．高度なルールを使う．

(a) 67 を 8, 9, 9 で作る
(b) 21 を三通り, 7, 7, 8 で作る
(c) 11 を六通り, 4, 6, 8 で作る
(d) 27 を三通り, 1, 1, 7 で作る

(e) 33 を 0, 4, 6 で作る
(f) 48 を 1, 2, 2 で作る
(g) 32 を二通り, 1, 2, 7 で作る
(h) 96 を二通り, 1, 2, 9 で作る
(i) 96 を二通り, 1, 5, 6 で作る
(j) 72 を二通り, 1, 5, 7 で作る
(k) 44 を 1, 8, 8 で作る
(l) 39 を二通り, 2, 4, 6 で作る
(m) 84 を 2, 6, 6 で作る
(n) 22 を四通り, 3, 3, 6 で作る
(o) 55 を 3, 3, 8 で作る
(p) 58 を 3, 4, 7 で作る
(q) 42 を 3, 5, 5 で作る
(r) 87 を 4, 6, 7 で作る
(s) 36 を二通り, 5, 5, 5 で作る
(t) 72 を 5, 5, 7 で作る
(u) 45 を三通り, 5, 7, 8 で作る
(v) 66 を 6, 6, 6 で作る
(w) 21 を五通り, 6, 7, 7 で作る
(x) 4 を五通り, 7, 8, 8 で作る
(y) 32 を三通り, 0, 4, 6 で作る
(z) 18 を二通り, 0, 5, 5 で作る
(A) 56 を三通り, 1, 2, 6 で作る
(B) 45 を二通り, 1, 5, 7 で作る
(C) 67 を 1, 8, 9 で作る
(D) 48 を二通り, 2, 2, 9 で作る
(E) 84 を 2, 3, 3 で作る
(F) 45 を三通り, 2, 5, 6 で作る

（G）84 を三通り, 2, 7, 8 で作る
（H）36 を二通り, 3, 7, 8 で作る
（I）56 を四通り, 4, 6, 7 で作る
（J）78 を 5, 5, 6 で作る
（K）84 を四通り, 5, 6, 6 で作る
（L）12 を八通り, 3, 5, 7 で作る
（M）72 を 13 通り, 2, 3, 8 で作る

[→p.102]

第8章
ポリオミノを控えめに覆う

この章では，合同なタイルを複数枚使って，ポリオミノ（単位正方形をつないだ図形）をなるべく広く覆う形を作ることに挑戦する．タイルの形は，この問題を解く人が設計する．タイルは同じ形で同じ大きさでなくてはならないが，裏返して（鏡像で）使ってもよい．タイルは重なってはいけないし，ポリオミノからはみ出てはいけない．この課題の性質として，100％覆ったらそれはベストといえるが，そうでなければ，それがベストであるということを証明するのはたいてい困難である．これらの問題の解答欄にある答えよりも，さらによい答えをあなたが発見する可能性もある．

Q104 | 2枚のタイル

二つの合同なタイルで，次の図形を最大限覆う．ある図形は100％覆える．その他は，100％は覆えない．ポリオミノや辺が45度の角度を持つ図形だけでなく，他の角度を持つようなものもある．面白いことに，100％覆うことはできないものの，いくらでも100％に近く覆えるタイルが存在する問題が二,三ある．

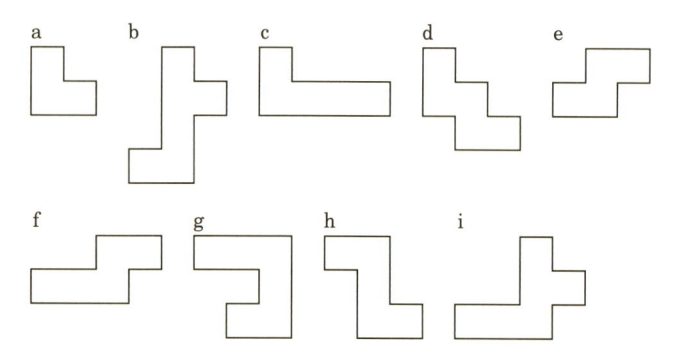

問題 第8章 ポリオミノを控えめに覆う 063

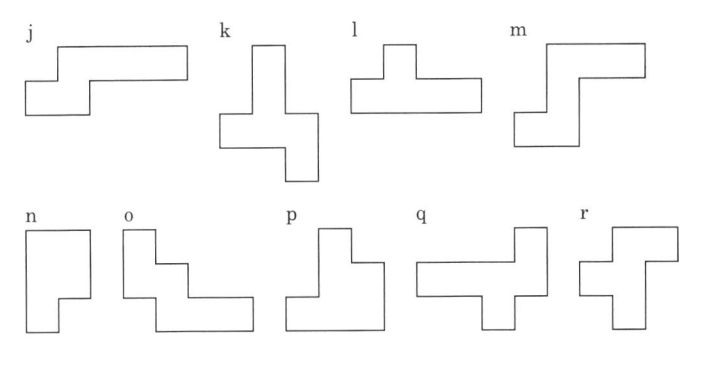

j　　　　　　k　　　　　l　　　　　m

n　　o　　　　p　　　q　　　r

[→p.108]

Q105　3枚のタイル

三つの合同なタイルで，次の図形を最大限覆う．

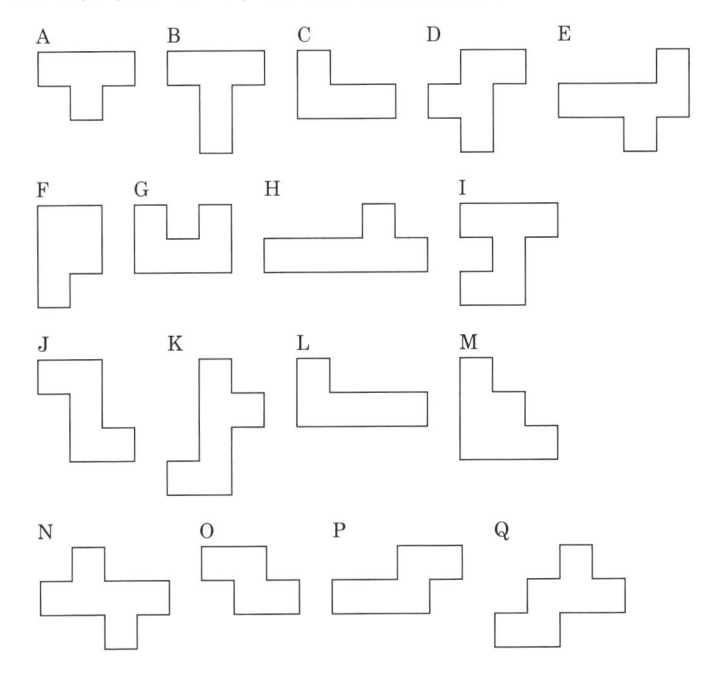

A　　B　　C　　D　　E

F　　G　　H　　I

J　　K　　L　　M

N　　O　　P　　Q

R   S   T   U

[→p.115]

Q106 たくさんのタイル

図に示してある数の合同なタイルで，次の図形を最大限覆う．

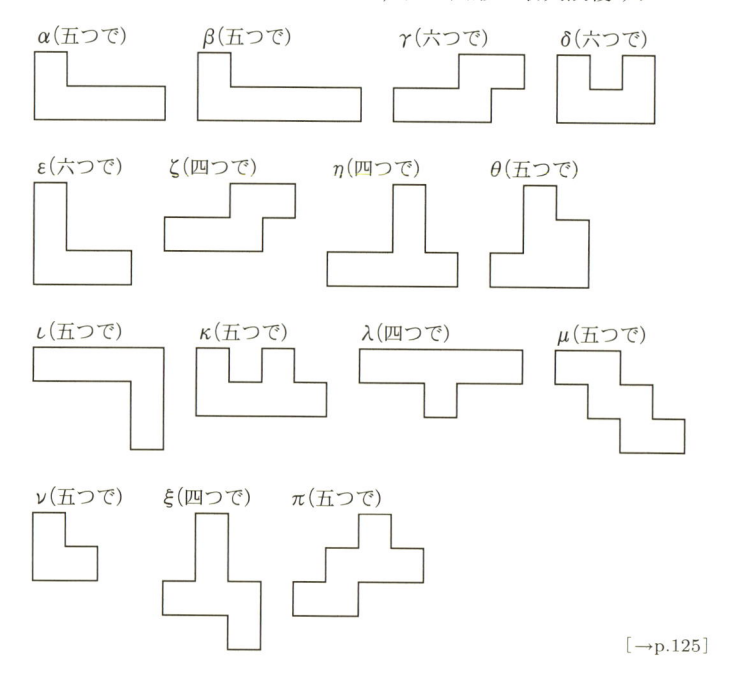

α(五つで)   β(五つで)   γ(六つで)   δ(六つで)

ε(六つで)   ζ(四つで)   η(四つで)   θ(五つで)

ι(五つで)   κ(五つで)   λ(四つで)   μ(五つで)

ν(五つで)   ξ(四つで)   π(五つで)

[→p.125]

第9章
数字で遊ぶ

この章のパズルは，とてもやさしいものがいくつかある他は，ほとんどの人にとってやりがいがあるだろう．ここでの共通のテーマは数字を操作することである．

Q107 3桁の平方数

3桁の平方数13個で格子を埋めよう．1マスごとに数字を一つずついれる．同じ平方数を2度以上使ってはいけない．

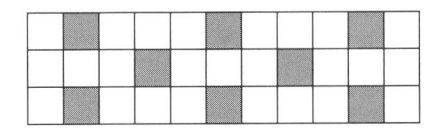

[→p.131]

Q108 4桁の平方数

4×4 の格子に，縦4列，横4行すべてが4桁の平方数になるように数字を入れよう．同じ平方数があってもよい．ただし0という数字は使わないこと．

[→p.135]

Q109 数の正方形

次ページの 3×3 の正方形にある英字は0から9までの数字に対応している．次の条件で数字を決めよう．

A	B	C
C	B	D
E	C	F

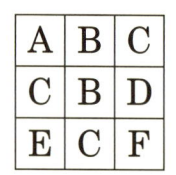

(a) ABC と CBD は素数
(b) BBC と CDF は平方数
(c) ACE と ECF は立方数

[→p.141]

Q110　変な3桁の番号

3桁の数があって，それを3で割り，その結果の数字を逆順にし，それから1を引くと，元の数になった．この数は何だろう．同じ性質をもつ，次に大きい数は何だろう（3桁になるとは限らない）．

[→p.075]

Q111　時間の方程式

つぎの□の中に，$0,1,2,3,\cdots,9$ を一つずついれて式が正しくなるようにしてほしい．

□□分□□秒 × □ = □時間□□分□□秒

[→p.082]

Q112　πの近似1

数字二つを使った π のよい近似値はたとえば 3.1 である．
(a) 二つの数字を使って，さらによい π の近似値を探してほしい．

ただし +，−，×，÷，べき乗，小数点，かっこが使える．ルートやほかの関数は使えない．
（b）さらにルート記号を許すとどうか．

[→p.095]

Q113 πの近似2

1から9までの数字を1回ずつ使ったπのよい近似値は，たとえば $3 + (16 − 8 − 5)/(97 + 24)$ である．
（a）1から9までの数字を1回ずつ使ったπのさらによい近似値を探してほしい．
（b）0から9までの数字を1回ずつ使った場合はどうか．
ただし +，−，×，÷，べき乗，小数点，かっこが使える．ルート，循環小数，階乗やほかの関数は使えない．

[→p.105]

Q114 三つの連続する整数

三つの連続する整数で，最初が素数の平方の倍数，二番目が素数の3乗の倍数，三番目が素数の4乗の倍数になるようなものを探してみよう．

[→p.110]

Q115 簡単な整数

すべての桁が0か1でできている整数を簡単な整数と呼ぼう．
（a）45で割り切れる簡単な整数を，小さい方から10個示せ．そしてその平均を A とすると，$A + 1$ の値がどうなるか．

（b）2439 で割り切れるもっとも小さい簡単な整数は何か．

[→p.116]

Q116 三つの面白い整数

（a）ある正の整数 N_1 は，10% 増にすると，その各桁の数字の和が 11% 減になる．そのようなもっとも小さい N_1 は何か．

（b）ある正の整数 N_2 は，10% 増にすると，その各桁の数字の和が 10.1% 減になる．そのようなもっとも小さい N_2 は何か．

（c）ある正の整数 N_3 は，10% 増にすると，その各桁の数字の和が 9.99% 減になる．そのようなもっとも小さい N_3 は何か．

[→p.127]

補遺

訳者より： 原著には，日本の読者には理解が難しい問題も含まれている．それらはここでは本編から外したが，興味深い問題であることは確かなので，ここに補遺として掲載する．知識と意欲のある読者は挑戦されたい．

ex.Q1 悪夢のブリッジ

あなたはブリッジのプレーヤーで，スペード，ハート，ダイヤのAKQと，クラブのAKQJを手札に持っている．相手側は残りのカードから好きなカードの組合せを選んで手札にできるとすると，あなたとあなたのパートナーに対して相手側ができる最善のコントラクトはどんなものになるだろう． [→p.131]

ex.Q2 協力ブリッジ

下のようにハンドが全部見えているとする．相手側（EとW）の協力のもとにSは7スペードができるだろうか．

	♠85	
	♡Q976542	
	♢5	
♠K 10 7 4	♣432	♠Q963
♡KJ8		♡A 10
♢J 10 3		♢AKQ4
♣AQ 10	♠AJ2	♣KJ9
	♡3	
	♢98762	
	♣8765	

[→p.136]

ex.Q3 | 2の力

あるブリッジの組が，ダブルなしでゲームをとった．四つの2のカードそれぞれで1トリックずつとられたことがわかっている．コントラクトが何で，どのようにそれが起こったのだろうか．不完全なビッドとプレーを許すものとする．

[→p.142]

ex.Q4 | 頭と最後が同じことば

サークル語とは先頭と最後が同じ文字の英単語である．下は，数学用語のサークル語の文字を適当に並べ変えたものである．その重なっている文字は一つだけ取り除いてある．最初のAREA（面積）という例のように，サークル語を復元してほしい．

(1) EAR = AREA (2) ICCLY (3) RISEE
(4) COIN (5) BICU (6) ISPELL
(7) GARBLE (8) STRICE (9) XMETER
(10) TANGEIO (11) GOONNA (12) AGENTN
(13) VINEDID (14) AXIUMM (15) GRINHAP
(16) INNEEET (17) SIXECENT (18) MEANRIDE
(19) THUNDERD (20) ANELIMIT (21) DONISTEENCC
(22) SCOOPEDME (23) METEREDIN (24) BRITCUSSP
(25) ITISATTSC (26) INNCORECT (27) QUEENLAVIC
(28) UNCLEANIDEO (29) RICHCRATESITA

[→p.076]

ex.Q5 なくなった駒

下はチェスの局面である．対局者は勝とうという気はなかったが，ルールはちゃんと守ってこの局面になった．マス目×にあった駒が紛失した．それは何だったか．

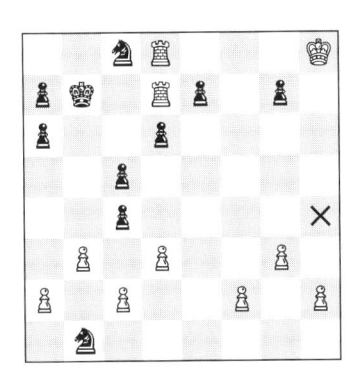

[→p.083]

ex.Q6 Cigarette Lighter

あなたは無人島にいる．持っているのはポケットナイフ（a pocket-knife）と火打石一つ（a piece of flint）とライターオイルのカン（a can of lighter fuel）とタバコ1箱（a pack of cigarettes）である．（問題を日本語にするとパズルでなくなってしまうので英語のままで……） How would you make a cigarette lighter? （そのまま訳すと「どうやってタバコのライターを作ったらいいか」であるが……）

[→p.095]

ex.Q7 お金の疑問

（日本語にするとパズルでなくなってしまうので英語のままで……） What

is the difference between an old, crumpled and worn ten-dollar bill and a new one? （そのまま訳すと「古くてしわしわで破れた 10 ドル札と新しいものとの違いは何か」であるが……）

[→p.105]

解 答

Mental Gymnastics Recreational Mathematics Puzzles

※引き続く問題の解答が見えてしまわないよう，解答は番号順になっていません．どんな順番にしたかわかりますか？

A100 10の倍数を作る

(a) $20 = 8^{\sqrt{.\dot{1}}} \div .1$

(b) $60 = (\sqrt{.2^{-2}})! \div 2 = \sqrt{(\sqrt{2 \div .\dot{2}})!! \div 2}$

(c) $70 = 8! \div (4!)^2 = 28 \div .4$

(d) $100 = \sqrt{(.7-.6)^{-4}} = (.7-.6)^{-\sqrt{4}} = 76 + 4!$

(e) $50 = 8 \div \sqrt{\sqrt{.4^8}}$

(f) $30 = 0! \div (.7 - .\dot{6})$

(g) $90 = 5! \div \sqrt{2 - .\dot{2}}$

(h) $100 = (3+7)^2 = 3!! \div (7+.2)$

(i) $70 = 35 \div .5 = (5! + 3!) \times .\dot{5}$

(j) $80 = (\sqrt{7+9})! \div .3 = (7 - \sqrt{9})! \div .3 = \sqrt{(7!+3!!) \div .9}$

(k) $30 = \sqrt{7! \div (6-.4)} = (4! - .\dot{6}) \div .\dot{7} = 6 \times (7 - \sqrt{4})$
$= \sqrt{.7 - .\dot{6}}^{-\sqrt{4}} = \sqrt{\sqrt{.7 - .\dot{6}}^{-4}}$

(l) $90 = 5! \times .75 = 5! \div (.\dot{5} + .\dot{7})$

(m) $40 = (8^{.\dot{6}})! \div .6 = \sqrt{6! \times .8} \div .6$

(n) $90 = 5! \div \sqrt{.\dot{8} + .\dot{8}} = (8-5)!! \div 8$

(o) $20 = (\sqrt{8+0!})! \div .3 = \sqrt{3!! \div (0! + .8)}$

(p) $90 = 5! \div \sqrt{0! + .\dot{7}}$

(q) $50 = \sqrt{.1^{-3} \div .4} = \sqrt{\sqrt{.1^{-3!} \div .4}} = 3! \div .\dot{1} - 4$
$= (\sqrt{4} + 3) \div .1 = (3! - .\dot{4}) \div .\dot{1} = \sqrt{-\sqrt[3]{.1} \div .4}$

(r) $100 = {}^{-}\sqrt[5]{.3 - .2} = 5! \div (3! \times .2) = \sqrt{5! \div .3 \div .2}$
$= \sqrt{3!! \times .\dot{5} \div .2}$

(s) $90 = (2 \times 5)! \div 8! = 5! \div \sqrt{2 \times .8} = (5-2)!! \div 8$

(t) $90 = 3 \div (.7 - \sqrt{.\dot{4}})$

(u) $90 = \sqrt{7! - .6\dot{2}}$

(v) $60 = \sqrt{7! \div (\sqrt{4} - .6)} = \sqrt{7! - \sqrt{4} \times 6!} = \sqrt{(7 - \sqrt{4}) \times 6!}$
$= \sqrt{4} \div (.7 - .\dot{6})$

(w) $70 = \sqrt[5]{7! \div 9!}$

(x) $60 = \sqrt{3!! \div (0! - .8)}$

(y) $30 = 7 \div (\sqrt{.1} - .1)$

(z) $90 = 7 \div (.3 - .\dot{2}) = 27 \div .3$

(A) $80 = 7! \div 63 = 3!! \times (.\dot{7} - .\dot{6})$

(B) $60 = \sqrt{(7 - \sqrt{4}) \times \sqrt{9}!!} = \sqrt{7! \div (.4 + .\dot{9})}$
$= \sqrt{7! - \sqrt{4} \times \sqrt{9}!!} = (\sqrt{7+9})! \div .4 = (7 - \sqrt{9})! \div .4$

(C) $100 = \sqrt{\sqrt{(4 + \sqrt{9!})^8}} = \sqrt{(.9 - .8)^{-4}} = (.9 - .8)^{-\sqrt{4}}$
$= 98 + \sqrt{4}$

(D) $50 = \sqrt{.2^{-5} \times .8} = \sqrt{\sqrt[.2]{5} \times .8} = (2 + 8) \times 5$
$= \sqrt{\sqrt{.2^{-8}} \div .5} = 2 \times \sqrt{\sqrt{5^8}}$

(E) $0 = {}^{-\sqrt{.1}}\!\!\sqrt{.5} - 8 = .\dot{8} - .\dot{5} - \sqrt{.1}$

（両式とも平方根の記号をいくつでもつけられる）

(F) $100 = \sqrt{\sqrt{\sqrt{\sqrt{\sqrt{\sqrt{.1^u}}}}}}$ （ただし $u = -\sqrt{4^7}$）

出所：ディック・ヘス*

A10 変なお勘定

コーヒーを A ドル，ケーキを B ドルとすると $6AB = 2A + 3B = 4.05$．この答え (A, B) は，$(0.60, 1.125)$ と $(0.75, 0.90)$ の二通りだが，どちらも 1 ドルより安いのは後のほうの答えである．　出所：不明

A110 変な3桁の番号

その 3 桁の番号は 741．その次の番号は 742471．　出所：ディック・ヘス

---

* それぞれのパズルについて，わかる限りの出所を明記した．どのパズルについても，さらなる情報があれば教えていただけると幸いである．多くの問題は口から口へ伝えられ，その途中で改造されてきたもので，いくつかは本当の出所がわからなくなっている．雑誌のコラムに発表されたものであっても，多くの場合，それ以前の来歴があるものである．

A20　組合せの決まり1

ちょっと見ると，二つの数の差だと思って x が 17 だと答えるかもしれない．しかし 38 と 16 のところが 22 でなくて，18 になっている．決まりは，二つの数を構成する数字の合計だ．だから x は $3+2+1+5=11$ である．

出所：ディック・ヘス

ex.A4　頭と最後が同じことば

(1) AREA　　　(2) CYCLIC　　　(3) SERIES
(4) CONIC　　(5) CUBIC　　　(6) ELLIPSE
(7) ALGEBRA　(8) TRISECT　　(9) EXTREME
(10) NEGATION　(11) NONAGON　(12) TANGENT
(13) DIVIDEND　(14) MAXIMUM　(15) GRAPHING
(16) NINETEEN　(17) EXISTENCE　(18) REMAINDER
(19) HUNDREDTH　(20) ELIMINATE　(21) DISCONNECTED
(22) DECOMPOSED　(23) DETERMINED　(24) SUBSCRIPTS
(25) STATISTICS　(26) CONCENTRIC　(27) EQUIVALENCE
(28) NONEUCLIDEAN (29) CHARACTERISTIC

出所：Journal of Recreational Mathematics

A30　7個のクッキー

大きな円形の生地は，クッキーの 9 倍の面積である．a と b を合わせたものは 6 組あるので，そのクッキー 1 個に対する割合は，$(9-7)/6=1/3$．

出所：不明

A40　最小タイル貼り

図のような 32 個の正方形でできているドーナツの形が，テトロミノ 5 種それぞれで作れる．

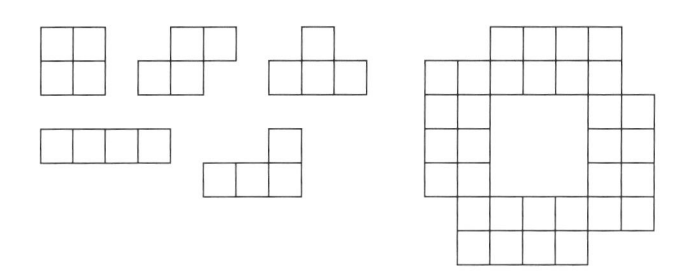

出所：Journal of Recreational Mathematics

A50　最短の切り取り

（a）辺の長さが1の正三角形を直線で同じ面積に4等分してみる．図のように x, y, u, v, z, f をとる．$u = 1 - x - \sqrt{3}y$ で，$v = \sqrt{3}x/2 - y/2$ である．四つの領域 ATQP, CPQRS, QTUR, BSRU の面積は $\sqrt{3}/16$ であるから $z = \sqrt{3}/(16v) - u$．$f = DP$ とすると，$fy = \sqrt{3}/16 - xy + v/2 + uv/2$ となる．また，切った線の全長は，$L = 2QT + 2PQ + QR = 2\sqrt{v^2 + z^2} + 2\sqrt{y^2 + f^2} + u$ である．x と y を変動させると，$x = 0.549792$, $y = 0.139546$, $u = 0.208508$, $v = 0.406361$, $z = 0.057889$, $f = 0.017867$ のとき，最小値 $L = 1.310804606\cdots$ になる．（訳注： △ などこれ以外の切り方

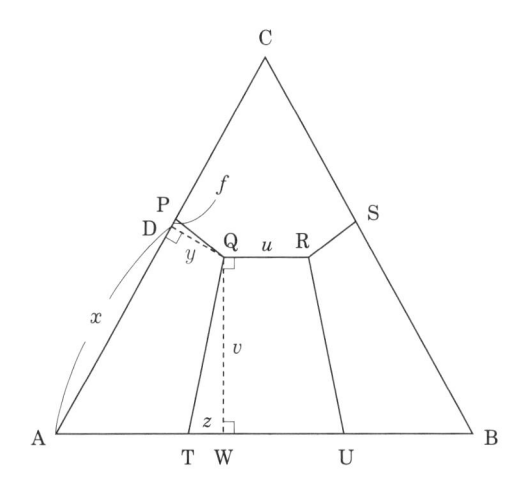

も同じようなやり方でその最小値を求められるが，ここでの値より大きくなる）
(b) 辺の長さが 1 の正三角形を自由な曲線で同じ面積に 4 等分してみる．切った曲線の全長が最小になるのはほぼ図のような形である．その長さは $L = 1.30511\cdots$ になる．

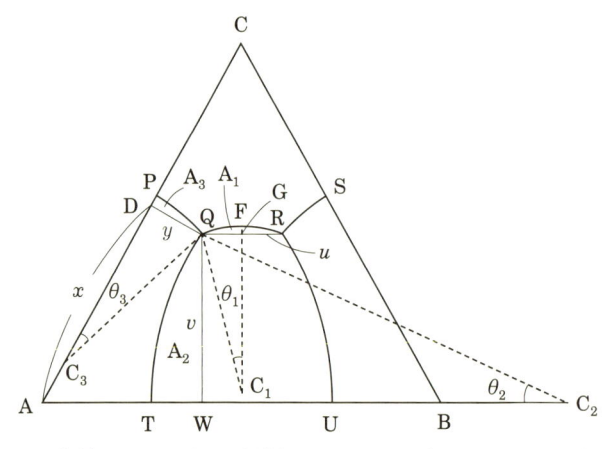

切った曲線がシャボン玉だと思ってみよう．シャボン玉は最小な長さになることが知られている．またその曲線は円弧になり，三つの円弧の交点が $120°$ の角度になることが知られている．Q点，R 点の角度は $120°$ になる．図のように $x = AD$, $y = DQ$, $r_1 = QC_1$ とする．すると $QR = u = 1 - x - \sqrt{3}y$, $QW = v = \sqrt{3}x/2 - y/2$ となる．角度の制約条件は，$\theta_2 = \theta_3 = 30° - \theta_1$．これから計算すると，$r_2 = v/\sin\theta_2$, $r_3 = y/\sin\theta_3$. TWQ の面積は $A_2 = r_2^2(\theta_2 - \sin\theta_2\cos\theta_2)$. 同様にして DQP は $A_3 = r_3^2(\theta_3 - \sin\theta_3\cos\theta_3)$ で QGF は $A_1 = r_1^2(\theta_1 - \sin\theta_1\cos\theta_1)$. 面積について必要な式は，PQRSC $= \sqrt{3}/16 = (\sqrt{3}/2 - v)u/2 + (1-x)y - 2A_1$, TURQ $= \sqrt{3}/16 = uv + 2A_1 + 2A_2$, APQT $= \sqrt{3}/16 = xy/2 + (1-u)v/4 - A_2 + A_3$ である．切った長さは $L = 2(r_1\theta_1 + r_2\theta_3 + r_3\theta_3)$ である．

x, y, r_1 を変動させると，$x = 0.545039$, $y = 0.749684$, $r_1 = $

解答　079

0.393284, $\theta_1 = 14.406716°$, $u = 0.195701$, $v = 0.397176$, $r_2 = 1.477550$, $\theta_2 = \theta_3 = 15.593284°$, $r_3 = 0.556846$ のとき最小値 $L = 1.30511\cdots$ になる．

出所：ボブ・ウェインライト

A60　和および二乗の和

図の中で，―のマスは $x > y$ と仮定して除外したもの，×のマスは x と y が互いに素でない場合を除外したものである．A1 の発言で，$x^2 + y^2$ の値に対して x, y の組合せが一通りしかない場合を除外したのが A1 のマスである．その後，B1 の発言で，$x + y$ の値に対して x, y の組合せが一通りしかない場合を除外したのが B1 のマスである．その後，A2 の発言で，$x^2 + y^2$ の値に対して x, y の組合せが一通りしかない場合を除外したのが A2 のマスである．その後，B2 の発言で，$x + y$ の値に対して x, y の組合せが一通りしかない場合を除外したのが B2 のマスである．このように続けていき，A5 の発言で，$x^2 + y^2$ の値に対して x, y の組合せが一通りしかない場合が A5 のマスである．このマスが答えになる．A には B の帽子に 530 が書かれているのが見え，B には A の帽子に 32 が

	$x=1$	2	3	4	5	6	7	8	9	10	11	12	13	14	15	16	17	18	19	20
$y=1$	A1	A1	A1	A1	A1	A1	A1	A1	B1	A1	A1	B3	B2	A1	A1	A1	B3	325	A1	A1
2	−	×	A1	×	A1	×	A1	×	B2	×	A1	×	A1	×	A1	×	A1	×	365	×
3	−	−	×	A1	A1	A1	×	A1	A1	×	A1	A2	×	A1	205	×	265	A1	×	370	A1
4	−	−	−	×	A1	×	A2	×	A1	×	A1	×	185	×	A1	×	305	×	377	×
5	−	−	−	−	×	A1	A1	A1	A1	×	A1	A1	221	×	A1	A1	A1	A1	A1	×
6	−	−	−	−	−	×	A3	×	×	×	A1	×	205	×	×	×	325	×	A1	×
7	−	−	−	−	−	−	×	A1	B1	A1	A3	A1	A1	×	A1	305	A1	A1	410	A1
8	−	−	−	−	−	−	−	×	A4	×	185	×	A1	×	A1	×	A1	×	425	×
9	−	−	−	−	−	−	−	−	×	A1	A1	×	A1	A1	×	A1	370	×	442	481
10	−	−	−	−	−	−	−	−	−	×	221	×	A1	×	×	×	A1	×	A1	×
11	−	−	−	−	−	−	−	−	−	−	×	265	A4	A1	A1	377	410	445	A1	A1
12	−	−	−	−	−	−	−	−	−	−	−	×	A1	×	A1	×	A1	×	505	×
13	−	−	−	−	−	−	−	−	−	−	−	−	×	365	A1	425	A1	493	<u>A5</u>	A1
14	−	−	−	−	−	−	−	−	−	−	−	−	−	×	A1	×	485	×	A1	×
15	−	−	−	−	−	−	−	−	−	−	−	−	−	−	×	481	A1	×	A1	×
16	−	−	−	−	−	−	−	−	−	−	−	−	−	−	−	×	545	×	A1	×
17	−	−	−	−	−	−	−	−	−	−	−	−	−	−	−	−	×	A1	B2	689
18	−	−	−	−	−	−	−	−	−	−	−	−	−	−	−	−	−	−	×	685	×
19	−	−	−	−	−	−	−	−	−	−	−	−	−	−	−	−	−	−	−	×	A1
20	−	−	−	−	−	−	−	−	−	−	−	−	−	−	−	−	−	−	−	−	×

書かれているのが見えるということである．マスに数が書いてあるのは，x^2+y^2 の値で複数の x,y の値の組がある場合である．

出所：ディック・ヘス

A70 複雑な立方根

$x = (2+10/\sqrt{27})^{1/3} + (2-10/\sqrt{27})^{1/3}$ なので，
$$x^3 = 2+10/\sqrt{27}+3(2+10/\sqrt{27})^{2/3}(2-10/\sqrt{27})^{1/3}$$
$$+3(2+10/\sqrt{27})^{1/3}(2-10/\sqrt{27})^{2/3}+2-10/\sqrt{27}$$
$$= 4+3x(4-100/27)^{1/3} = 4+2x$$

となる．つまり $x^3-2x-4=0$ となりこの実根は一つで，$x=2$．

出所：Crux Mathematicorum

A80 特別な数

「数が，その数を表す英語の文字数で割り切れる」ということを「特別」と呼んでいる．

（a）81, 100, 3136

（b）39304

（c）551, 1147

出所：ディック・ヘス

A90 ずれた平均

3家族の子供の数がそれぞれ 8 人，2 人，2 人としよう．すると，一家族当りの子供の数は平均 $4 = (8+2+2)/3$ 人である．しかし子供一人当りの兄弟姉妹の数は，平均 $5 = (7+7+7+7+7+7+7+7+1+1+1+1)/12$ 人になる．

出所：ジム・プロップ

A1 6人の学者

最初の 5 人の学者はみなコーヒーを飲みたかったので，「全員がコーヒーを飲みたい」かどうかはわからず，「わかりません」と答えた．6 番目の学者はコーヒーを飲みたくない．だから最初の 5 人にコーヒーを出すべきである．

出所：不明

解答　081

A101 29を高度なルールで作る

(a) $29 = (7 - .\dot{5}) \div .\dot{2}$

(b) $29 = (9 + .\dot{6}) \times \sqrt{9}$

(c) $29 = 5 + 8 \div \sqrt{.\dot{1}}$

(d) $29 = 5 + (\sqrt{8+8})!$

(e) $29 = 7 \div .2 - \sqrt{9}! = \sqrt{9}!^2 - 7$

(f) $29 = \sqrt{7! \div \sqrt{9}!} + 0!$

(g) $29 = (.\dot{6} + 9) \div \sqrt{.\dot{1}}$

(h) $29 = 6 \div .\dot{2} + \sqrt{4} = (6 + .\dot{4}) \div .\dot{2}$

(i) $29 = \sqrt{3!! \div .8} - 0!$

(j) $29 = 6 \div .2 - .\dot{9} = 26 + \sqrt{9} = 2 + \sqrt{\sqrt{9^6}} = 2 + \sqrt{6! + 9}$

(k) $29 = (6 \times .\dot{6})! + 5$

(l) $29 = \sqrt[6]{8} - 3$

(m) $29 = \sqrt{3!^4} - 7 = 3!^{\sqrt{4}} - 7$

(n) $29 = \sqrt{7 \times 5! + 0!}$

(o) $29 = 2 + \sqrt[-\sqrt{.\dot{1}}]{\sqrt{.\dot{1}}}$

(p) $29 = \sqrt{\sqrt{9!!} + 5! + 0!} = (\sqrt{9} + 0!)! + 5 = 5 \times \sqrt{9}! - 0!$

(q) $29 = 5 \times 6 - .\dot{9} = 9 + \sqrt{6! \times .\dot{5}} = 5! \div 6 + 9 = \sqrt{5! + 6! + .\dot{9}}$
　　$= (.\dot{6} \times \sqrt{9}!)! + 5$

(r) $29 = 4 + \sqrt{\sqrt{.2^{-8}}} = 4! + \sqrt{\sqrt{\sqrt{.2^{-8}}}} = 4! \div .\dot{8} + 2$

(s) $29 = 4! + 2 \div .4 = .2^{-\sqrt{4}} + 4 = 4 + \sqrt{.2^{-4}} = 4! + \sqrt{.2^{-\sqrt{4}}}$
　　$= 4! + \sqrt{\sqrt{.2^{-4}}}$

(t) $29 = (8^{.\dot{6}})! + 5 = \sqrt{6! \times .8} + 5$

(u) $29 = \sqrt{\sqrt{\sqrt{(4!+5)^8}}} = (8-4)! + 5 = (\sqrt{8} \times \sqrt{4})! + 5$
　　$= (8^{\sqrt{.4}})! + 5 = (8 \div \sqrt{4})! + 5 = 5 + \sqrt{\sqrt{\sqrt{(4!)^8}}}$
　　$= (\sqrt{4! - 8})! + 5 = 4! + \sqrt{\sqrt{\sqrt{5^8}}} = 4 + \sqrt{\sqrt{5^8}}$
　　$= 58 \div \sqrt{4}$

出所：ディック・ヘス

A11 数の辞書

（a）先頭の項目は 8 (eight) で，最後の項目は 0 (zero)．

（b）8,808,808,885 (eight billion eight hundred eight million eight hundred eight thousand eight hundred eighty five)（訳注：まず先頭の単語で辞書順に並べ，先頭が同じものについてはさらに二番目の単語で辞書順に並べる……という場合）．ある辞書では，800 より 18 が先に出てくるかもしれない．そのときは 8,018,018,885 (eight billion eighty million eighty thousand eight hundred eighty five)（訳注：全体を一つの単語とみてその辞書順の場合）．

（c）two vigintillion two undecillion two trillion two thousand two hundred two

(2000000000000000000000000000000002000000000000000000000000000002000000002202)

（d）two vigintillion two undecillion two trillion two thousand two hundred twenty three

(2000000000000000000000000000000002000000000000000000000000000002000000002223)

（訳注：trillion が 10 の $3 \times (3+1)$ 乗を意味するのと同様，vigint- が 20 を意味するので vigintillion は 10 の $3 \times (20+1)$ 乗のこと，undec- が 11 を意味するので undecillion は 10 の $3 \times (11+1)$ 乗のこと）

出所：ピーター・ウィンクラー

A111 時間の方程式

50 分 42 秒 × 9 ＝ 7 時間 36 分 18 秒．

出所：芦ヶ原伸之

A21 組合せの決まり2

Q20 と同じように，差だと思うと最後のところが変だ．決まりは，桁の数字の積を足し合わせる，というものだ．だから $x = 4 \times 6 + 2 \times 2 = 28$ になる．

出所：ディック・ヘス

ex.A5 なくなった駒

（1）黒の王にチェック（王手）がかかっているので，最後の手は白が指した．

（2）その手は，白のポーンが c7 から d8 のマスに動いた手で，捕獲手でありかつ成る手（プロモーション）であったにちがいない（訳注：いわゆる空き王手）．

（3）d8 にあって捕られた黒の駒はナイトかビショップであったにちがいない（訳注：ルークやクイーンだったら，白のキングにチェックがかかっていたわけであるが，その駒は囲まれているので，そのようにする黒のチェックの手が存在しない）．この駒か黒のナイトの一つは，ポーンが成って生まれたものにちがいない（訳注：以下，ビショップは同じ色のマスに居続けることに注意する．初期局面の黒マスの黒のビショップ（f8）は二つのポーンが動いていないので，d8 に行けない．ナイトの場合すでに 2 枚あるのでどれかは成ったものである）．

（4）×のマスに黒の駒が来るのは不可能である．ルークやクイーンなら白の王にチェックになってしまう．ナイトとポーン（訳注：d8 にあった成った駒も含む）は他の場所に存在する．黒マスのビショップだとしたら，二つのポーンが動いていないので，来ることができない．

（5）今のポーンのずれた位置，およびポーンが成るためにずれたことから考えると，黒は 5 回駒を捕った．この 5 回はみな白マスで捕った（訳注：b7a6, f7e6, e6d5, d5c4, h3g2）．よって×にあったのは白のビショップである（訳注：そこで捕ることができない，黒マスの白のビショップ）．

（6）ちなみに，ここでわかるのは，d8 で捕られた黒の駒はナイトにちがいない．なぜなら g1 で成った駒がビショップだったら行き場がなく動けないからである．

出所：スコット・キム

A31　格子点上の五角形

正五角形の 3 個の頂点が格子点にあるとする．それらでできる三角形の頂角の一つは 36° である．その頂点が原点にあるとして，のこりの 2 頂点の座標が (a,b) と (c,d) だとしよう．すると $\cos 36° = (ac+bd)^2/(a^2+b^2)(c^2+d^2)$ となる．しかし $\cos 36°$ は無理数なので，このようにはできない．つまり 3 個以上の頂点が格子点にあるような正五角形はない．

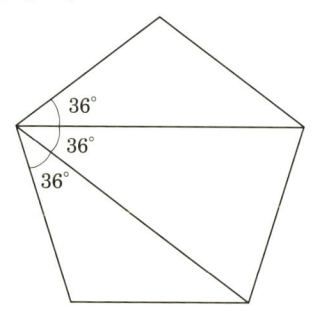

出所：ディック・ヘス

A41　N個の正方形

今わかっている最良の答えは図の通りである．

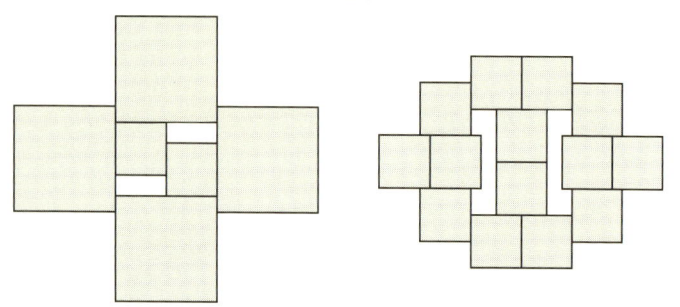

出所：エリック・フリードマン

A51　1枚の偽コイン

コインに A から F までの名前を付ける．このうち F は本物だとわ

かっているコインである．1回目に B+F（右の皿）と C+E（左の皿）とで量る．2回目に D+F（右の皿）と B+E（左の皿）とで量る．2回とも釣り合っていたら A が偽コインである．2回とも傾いていてその向きが逆なら B が偽コインである．2回とも傾いていてその向きが同じなら E が偽コインである．1回目が釣り合っていて 2 回目が傾いていたら D が偽コインである．1回目が傾いていて 2 回目が釣り合っていれば C が偽コインである． 出所：ディック・ヘス

A61 　和と積3

図の中の空白のマスは学者 A の最初の発言と矛盾する場合である．可能性があるのは，$x+y=11,17,23,\cdots$ の場合である．学者 B の発言と矛盾するのは，たとえば $(x,y)=(6,5)$ である．つまり積が 30 になるのはほかに $(x,y)=(15,2)$ もある．同様に矛盾するマスを除いていくと，$(x,y)=(13,4)$ が答えであるとわかる．学者 A は B の帽子にある 17 を見ていて，B は A の帽子にある 52 を見ている．表を広げると，このようになる解は，$(x,y)=(61,4),(73,16),(111,16),(73,64),\cdots,(556,201),\cdots$ である．

	$x=2$	3	4	5	6	7	8	9	10	11	12	13	14	15
$y=2$							18							30
3	−					24						42		
4	−	−			28						52			
5	−	−	−	30					60					
6	−	−	−	−					66					
7	−	−	−	−	−			70						
8	−	−	−	−	−	−	72							120
9	−	−	−	−	−	−	−						126	
10	−	−	−	−	−	−	−	−				130		
11	−	−	−	−	−	−	−	−	−		132			

出所：ディック・ヘス

A71 島から島へ

（a）飛行機3機の場合：最善の場合は，29/18の距離になる．この問題は三つの部分を解く必要がある．① p_1, p_2, p_3 が出発地点にいて，p_1 を目的地に送る．② p_2, p_3 が出発地点にいて，p_2 を目的地に送る．p_1 は p_2 を受け取るのに使える．③ p_3 が出発地点から目的地に飛ぶ．p_3 を受け取るのに p_1 と p_2 が使える．

<u>問題①</u>　今，座標を定め，出発地点を $x = 0$ とする．まず，x_1 地点まで p_1, p_2, p_3 が飛び，そこで p_3 は p_1 と p_2 に満タンに給油してから出発地点に戻る．p_1 と p_2 は x_2 地点に飛ぶ．そこで p_2 は p_1 に満タンに給油してから戻る．p_1 は目的地まで飛行を続ける．p_2 は x_3 地点まで戻り，そこへ来た p_3 から満タンに給油を受け，両者は出発地点に戻る．

x_1 地点での燃料の制約から，p_3 が安全に戻るためには，
$$x_1 \leq 1/4$$
になる．x_2 での燃料の制約から，
$$2 - 2(x_2 - x_1) \geq 1 + (x_2 - x_3)$$
である必要がある．燃料の制約から x_3 は
$$x_3 \leq 1/3$$
である必要がある．また，p_2 と p_3 が x_1 から x_3 へ行く時間の制約がある．p_3 が $x_1 + x_3$ 移動する間に p_2 は $(x_2 - x_1) + (x_2 - x_3)$ 移動する．したがって
$$(x_2 - x_1) + (x_2 - x_3) \geq x_1 + x_3$$
である．これが成り立つことで，p_3 が x_1 から出発点に戻って再給油し，p_2 の燃料切れ以前に x_3 で p_2 に会うことが保証される．x_1, x_2, x_3 がこれらの制約をすべて満たした上で，x_2 を最大化する．その結果，$x_1 = 1/4, x_3 = 1/3, x_2 = 11/18$ になる．可能な最遠の目的地点は $29/18 = 1.6111\cdots$ になる．図に飛行機の時間と距離の関係を示す．

解答

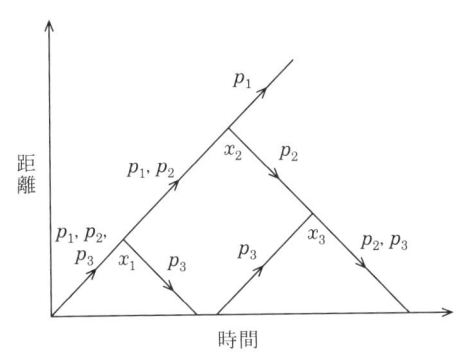

<u>問題②</u>　これはもっと簡単に分析できる．p_2 と p_3 を $x = 1/3$ まで送る．p_3 は，p_2 に給油して戻る．p_2 は $x = 4/3$ まで行き，そこで p_1 が p_2 に再給油して，両者は安全に目的地に行く．このやり方で，5/3 まで離れたところまで行けるが，これは問題①の最大距離を超えている．

<u>問題③</u>　これは，問題①の手順を逆順にして分析できる．まず目的地から p_1 と p_2 を距離 1/3 のところまで送り，p_1 が p_2 に給油して目的地に戻る．p_2 は，目的地から距離 11/18 のところまで飛び，燃料がない p_3 に会う．ここでタンクの燃料の 13/18 を p_2 と p_3 が分け合い，両者は目的地から 1/4 のところまで戻る．そこで両者は p_1 から再給油され，全員が安全に目的地に着く．

結論は変わらず，最遠の目的地点は $29/18 = 1.6111\cdots$ である．

(b) 飛行機 4 機の場合：最善の場合は，53/30 の距離になる．この問題は四つの別の問題を解く必要がある．① p_1, p_2, p_3, p_4 が出発地点にいて，p_1 を目的地に送る．② p_2, p_3, p_4 が出発地点にいて，p_2 を目的地に送る．p_1 は p_2 を受け取るのに使える．③ p_3, p_4 が出発地点にいて，p_3 を目的地に送る．受け取るのに p_1 と p_2 が使える．④ p_4 が出発地点にいて，目的地に飛ぶ．受け取るのに p_1, p_2, p_3 が使える．

<u>問題①</u>　今，座標を定め，出発地点で $x=0$ とする．まず，x_1 地点まで p_1, p_2, p_3, p_4 が飛び，そこで p_4 は p_1, p_2, p_3 に給油してから出発地点に戻る．このあと p_4 は p_2 への給油のために飛ぶことになる．p_1, p_2, p_3 は x_2 地点に飛ぶ．そこで p_3 は p_1, p_2 に給油してから戻る．このあと p_3 は p_2 と p_4 への給油のために飛ぶことになる．p_1 と p_2 は x_3 地点に飛ぶ．そこで p_2 は p_1 に給油してから x_4 地点に戻る．p_1 は目的地まで飛行を続ける．p_2 は x_4 地点で，そこへ来た p_4 から給油を受け，両者はさらに x_5 地点に戻る．そこで p_2 と p_4 はやってきた p_3 から燃料をもらい，出発地点に戻る．

x_1 地点での燃料の制約から，p_4 が安全に戻るためには，
$$x_1 \leq 1/5$$
になる．x_2 での燃料の制約から，
$$3 - 3(x_2 - x_1) \geq 2 + x_2$$
である必要がある．x_3 での燃料の制約から
$$2 - 2(x_3 - x_2) \geq 1 + (x_3 - x_4)$$
である必要がある．x_4 での燃料の制約から
$$1 - x_4 \geq 2(x_4 - x_5)$$
である必要がある．x_5 での燃料の制約から
$$x_5 \leq 1/4$$
である必要がある．また，時間の制約が二つある．まず，p_2 と p_4 が x_1 から x_4 へ行く制約がある．p_4 が $x_1 + x_4$ 移動する間に p_2 は $(x_3 - x_1) + (x_3 - x_4)$ 移動する．したがって
$$(x_3 - x_1) + (x_3 - x_4) \geq x_1 + x_4$$
である．これが成り立つことで，p_4 が x_1 から出発点に戻って再給油し，p_2 の燃料切れ以前に x_4 に行って p_2 に会うことが保証される．もう一つ，p_2 と p_3 が x_2 から x_5 へ行く制約がある．p_3 が $x_2 + x_5$ 移動する間に p_2 は $(x_3 - x_2) + (x_3 - x_5)$ 移動する．した

がって
$$(x_3 - x_2) + (x_3 - x_5) \geqq x_2 + x_5$$
である．

x_1 から x_5 までがこれらの制約をすべて満たした上で，x_3 を最大化する．その結果，$x_1 = 1/5$, $x_5 = 1/4$, $x_4 = 1/2$, $x_2 = 2/5$ そして $x_3 = 23/30$ になる．可能な最遠の目的地点は $53/30 = 1.76666\cdots$ になる．図に飛行時間と距離の関係を示す．

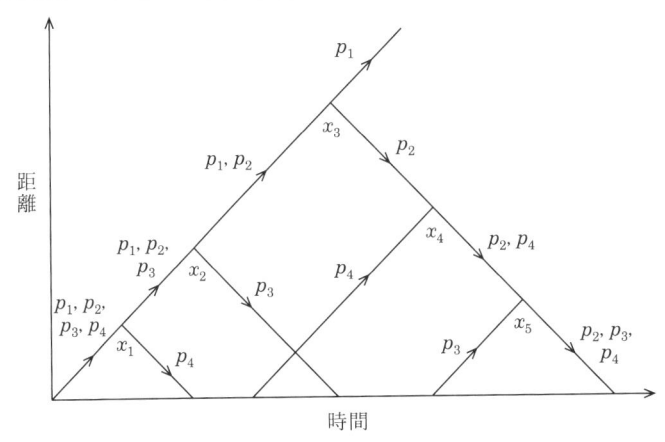

<u>問題②</u>（出発点に3機，目的地に1機の問題）p_3 と p_4 を使って p_2 を送る最遠地点が，出発地点から $29/18$ であったことに注意する．最遠地点に p_1 が迎えに来る．この地点は，目的地から $1/3$ の距離以内で離れていれば，安全に戻れる．全部を合わせると $35/18$ となり，これは $53/30$ より大きい．

<u>問題③</u>（出発点に2機，目的地に2機の問題）p_1 と p_2 が迎えに行って，p_3 を受け取れるのは，目的地から $11/18$ の距離までであったことに注意する．p_4 が p_3 を出発点から送れる最大距離は $4/3$ である．全部を合わせると $35/18$ となり，これは $53/30$ より大きい．

<u>問題④</u>（出発点に1機，目的地に3機の問題）これは，問題①の

手順を逆順にして分析できる．まず目的地から p_1, p_2, p_3 を距離 $1/4$ のところまで送り，p_3 が p_1 と p_2 に給油して目的地に戻る．p_1 と p_2 は，目的地から距離 $1/2$ のところまで飛び，p_2 が p_1 に給油して目的地に戻る．p_1 は目的地から $23/30$ のところで，p_4 に会う．ここでタンクの燃料の $11/15$ を p_1 と p_4 が分け合い，両者は目的地から $2/5$ のところまで来る．そこで p_3 に会い，そのタンクの燃料の $3/5$ を三者で分け合い，目的地から $1/5$ まで来る．そこで p_2 に会い，そのタンクの燃料の $4/5$ を四者で分け合い，目的地までの最後の距離 $1/5$ を飛ぶ．結論は変わらず，最遠の目的地点は $53/30 = 1.76666\cdots$ である．

出所：ディック・ヘス

A81 直交する整数の中線

（a）3辺が 26, 38, 44 である三角形は，中線 2 本が長さ 24 と 39 である．

（b）そのような三角形は知られていない．

出所：不明

A91 うろつく蟻

この問題を考えるときに，多面体の辺と頂点の図を描くと便利だ．0 の頂点がスタート地点で，d の頂点が反対側の目的地点である．数字 n が書かれた頂点はスタート地点から n 回分離れた地点である．E_n を，n 地点から d 地点に到達するまでの移動回数の期待値とする．

（a）正八面体では，方程式は

$$E_0 = 1 + E_1,$$
$$E_1 = 1 + E_0/4 + E_1/2$$

になるので $E_1 = 5, E_0 = 6$ を得る．だから正八面体では目的地に着くまでの期待時間は 6 分である．

（b）立方体では，

解答　　　　　　　　　　　　　　　　　　　　　　　　　　091

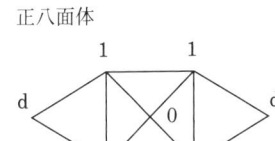

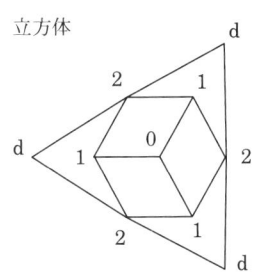

正八面体

立方体

正十二面体

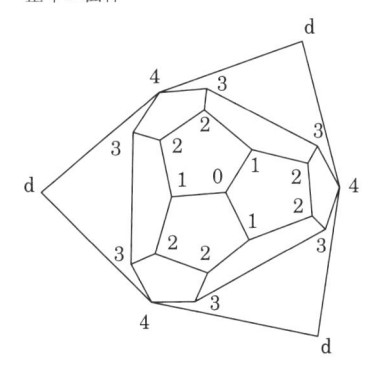

正二十面体

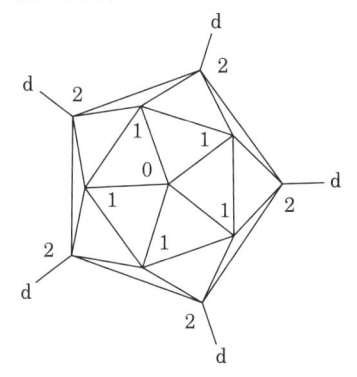

$$E_0 = 1 + E_1,$$
$$E_1 = 1 + E_0/3 + 2E_2/3,$$
$$E_2 = 1 + 2E_1/3$$

となるので $E_2 = 7$, $E_1 = 6$, $E_0 = 10$ を得る. だから立方体では目的地に着くまでの期待時間は 10 分である.

(c) 正十二面体では,

$$E_0 = 1 + E_1,$$
$$E_1 = 1 + E_0/3 + 2E_2/3,$$
$$E_2 = 1 + E_1/3 + E_2/3 + E_3/3,$$
$$E_3 = 1 + E_2/3 + E_3/3 + E_4/3,$$
$$E_4 = 1 + 2E_3/3$$

となるので $E_4 = 19$, $E_3 = 27$, $E_2 = 32$, $E_1 = 34$, $E_0 = 35$ を得る．だから正十二面体では目的地に着くまでの期待時間は 35 分である．

（d）正二十面体では，
$$E_0 = 1 + E_1,$$
$$E_1 = 1 + E_0/5 + 2E_1/5 + 2E_2/5,$$
$$E_2 = 1 + 2E_1/5 + 2E_2/5$$

となるので $E_2 = 11$, $E_1 = 14$, $E_0 = 15$ を得る．だから正二十面体では目的地に着くまでの期待時間は 15 分である．

出所：ブライアン・バーウェル

A2 秘密の暗号

右に 90 度絵を傾けて，目を絵の縁に近付けて見てみよう．「HELLO」と読めるはずだ．

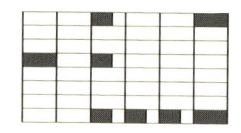

出所：マービン・ミラー

A102 難問算数さいころ問題

（a）$32 = \sqrt[3]{\sqrt{1+7}} = \sqrt[.1]{\sqrt{\sqrt{(7-3)}}}$

（b）$41 = \sqrt{7! \times .\dot{1}} + 1$

（c）$84 = \sqrt{\sqrt[.1]{\sqrt{3!}} - 3!!}$

（d）$43 = 5 \div .\dot{1} - \sqrt{4} = (4! - .\dot{1}) \div .\dot{5}$

（e）$67 = 5! \times .\dot{5} + \sqrt{.\dot{1}}$

（f）$16 = (\sqrt{16})! \times .\dot{6} = (6 - .\dot{6}) \div \sqrt{.\dot{1}}$

（g）$16 = 6 \times \sqrt{7 + .\dot{1}}$

（h）$57 = \sqrt{(3!! + 2) \div .\dot{2}}$

（i）$76 = \sqrt{(3!! + 2) \times 8} = 38 \times 2 = 82 - 3!$

解答　　093

(j) $45 = 8 \div (.4 - .\dot{2}) = (8 + \sqrt{4}) \div .\dot{2}$

(k) $26 = (5 + .\dot{7}) \div .\dot{2}$

(l) $22 = 6 \div .\dot{2}\dot{7}$

(m) $32 = (7 - .6) \div .2 = \sqrt[.7-.6]{\sqrt{2}}$

(n) $23 = (6 - .\dot{8}) \div .\dot{2}$

(o) $27 = \sqrt{7 \div .\dot{7}!} \div .\dot{2}$

(p) $66 = \sqrt{(3!! + 3!) \times 3!}$

(q) $19 = \sqrt{(5! + .\dot{3}) \times 3} = (5! - 3!) \div 3! = \sqrt{(5! + .\dot{3}) \div .\dot{3}}$

(r) $23 = 7 \div .3 - .\dot{3}$

(s) $27 = .\dot{1}^{-.7-.8} = \sqrt[-\sqrt{.\dot{1}}]{\sqrt{(.\dot{8} - .\dot{7})}} = \sqrt[-\sqrt{.\dot{8}-.\dot{7}}]{\sqrt{.\dot{1}}}$

(t) $95 = 38 \div .4$

(u) $28 = .\dot{7} \times \sqrt{\sqrt{3!^8}} = \sqrt{8! \times .7 \div 3!}$

(v) $32 = \sqrt[3]{\sqrt{9 - .\dot{9}}}$

(w) $58 = \sqrt{4 + 7! \times \sqrt{.\dot{4}}}$

(x) $45 = 7 \div (.6 - .\dot{4})$

(y) $87 = (6! - 4!) \div 8$

(z) $84 = \sqrt{7! \times .4 + 7!} = (7 - \sqrt{4})! \times .7 = \sqrt{7! \times .7 \times \sqrt{4}}$

(A) $47 = 47^{.\dot{9}} = 47 \times .\dot{9} = 47 \div .\dot{9} = \sqrt{7! + .\dot{9}} - 4!$

(B) $76 = 9! \div 7! + 4$

(C) $82 = \sqrt{(8! + 4!) \div \sqrt{9!}} = \sqrt{4 + 8! \div \sqrt{9!}}$

(D) $84 = 8! \div (\sqrt{9}!! \times \sqrt{.\dot{4}}) = 84^{.\dot{9}} = 84 \times .\dot{9} = 84 \div .\dot{9}$

(E) $66 = .55 \times 5!$

(F) $56 = (\sqrt{.5^{-6}})! \div 6!$

(G) $13 = \sqrt{5! + 7 \times 7}$

(H) $27 = \sqrt{\sqrt{(.\dot{7} - .\dot{6})^{-6}}} = \sqrt[-.\dot{6}]{(.\dot{7} - .\dot{6})}$

(I) $13 = (8 + .\dot{6}) \div .\dot{6}$

(J) $35 = .\dot{7} \div (.8 - .\dot{7})$

(K) $55 = \sqrt{7! \times .6 + .\dot{9}}$

(L) $49 = \sqrt{3!! \div .3 + 0!}$

(M) $31 = \sqrt[3]{\sqrt{8}} - 0! = 0! + \sqrt{3!! \div .8}$

(N) $41 = \sqrt{8! \div 4! + 0!}$

(O) $4 = (7+0!)^{.\dot{6}} = (7-0!) \times .\dot{6}$

(P) $32 = \sqrt[0!-.7]{\sqrt{8}}$

(Q) $57 = \sqrt[-.5]{.\dot{1}} - 4! = (4!-5) \div \sqrt{.\dot{1}}$

(R) $92 = (.1 + \sqrt{.\dot{4}}) \times 5!$

(S) $54 = 4! \div (.\dot{7} - \sqrt{.\dot{1}}) = (7-4)! \div .\dot{1} = (\sqrt{7} + \sqrt{4})! \div .\dot{1}$

(T) $68 = 5! \times (.9 - \sqrt{.\dot{1}})$

(U) $32 = \sqrt[.\dot{1}]{\sqrt{\sqrt{6 \times .\dot{6}}}}$

(V) $81 = \sqrt{\sqrt{.\dot{1}^{8! \div 7!}}}$

  (これは $\sqrt[-u]{\sqrt{\sqrt{.\dot{1}}}}$ としても同じだ. ただし, $u = 7! \div 8!$)

(W) $56 = (9 + .\dot{3}) \times 3!$

(X) $22 = \sqrt{(6!+6) \times .\dot{6}}$

出所：ディック・ヘス

A12　数の蛇1

10	11	20	21	22	23	42
9	12	19	18	17	24	41
8	13	14	15	16	25	40
7	30	29	28	27	26	39
6	31	32	33	34	35	38
5	4	3	2	1	36	37

出所：Journal of Recreational Mathematics

解答

A112 πの近似1

今日知られている最善の式は

(1) $.1^{-.5} = 3.1622776\cdots$

(2) $\sqrt{\sqrt{\sqrt{\sqrt{.9}}}}/\sqrt{.1} = 3.14152237\cdots$

出所：ディック・ヘス

A22 クロスナンバーパズル ── 数のクロスワード

¹2	²8					³8	⁴1
⁵2	8	⁶9			⁷3	4	3
	⁸5	7	⁹5		¹⁰6	2	1
		¹¹8	2	¹²3	¹³5	4	3
		¹⁴3	1	2	5		
		¹⁵3	0	0	3		
	¹⁶9	2	9	9	1	¹⁷5	
	¹⁸3	7	5		¹⁹2	1	²⁰6
²¹7	9	2				²²2	2	²³5
²⁴1	1					²⁵5	5

出所：不明

ex.A6 Cigarette Lighter

How would you make a cigarette lighter? を「1本のタバコをより軽くするにはどうすればいいか」と訳す. lighter はライターでなくて, light (軽い) という形容詞の比較級. したがってタバコの端を少し切って捨てればよい.

出所：不明

A32 長方形から切り出す

次図のように θ をとると, $\sin\theta + r\cos\theta = 1$ と $\cos\theta + r\sin\theta = R - r$ という関係から, $r = (1 - \sin\theta)/\cos\theta = (R - \cos\theta)/(1 + \sin\theta)$ となり, $R = 2\cos\theta$ および $r = (2 - \sqrt{4 - R^2})/R$ となる.

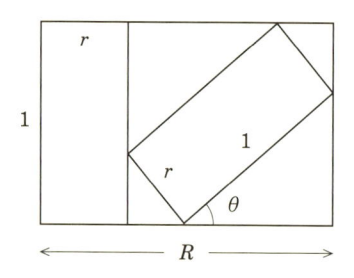

A42 ワインの瓶を積み上げる

ワインの瓶が半径1の円として，AとBのすきまを a, BとCのすきまを b としよう．左下の角を原点とした座標系を考えると，瓶の中心の座標は次のようになる．

$$A = (1,1), \quad B = (3+a,1), \quad C = (5+a+b,1),$$
$$D = (2+a/2, 1+\sqrt{3-a-a^2/4}),$$
$$E = (4+a+b/2, 1+\sqrt{3-b-b^2/4}),$$
$$F = (1, 1+2\sqrt{3-a-a^2/4}),$$
$$H = (5+a+b, 1+2\sqrt{3-b-b^2/4})$$

D+E=B+G より

$$\begin{aligned}G &= D+E-B \\ &= (3+a/2+b/2, \sqrt{3-a-a^2/4}+\sqrt{3-b-b^2/4}+1) \\ &= (F+H)/2\end{aligned}$$

これは F, G, H が一直線に並んでいなければいけないことを示している．

そうすると，AからEまでの瓶を，対称の中心Gで180°回転した場所に，IからMまでの瓶が来る．つまり C, B, A に対応する K, L, M が水平に並ばなければならない．なお，円の重なりが生じないようにするために，隙間 a と b は，$2\sqrt{3}-2 = 1.464106\cdots$ より小さい必要がある．

解答

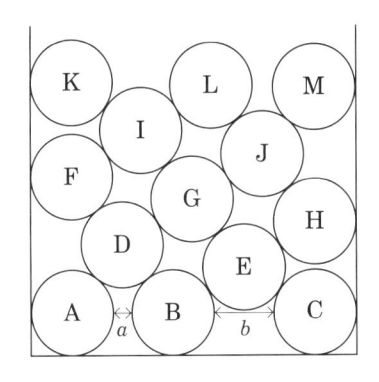

A52　2枚の偽コイン

コインに A から G までの名前を付ける．最初の表で量り方の方法を示す．L が左の皿に置くこと，R が右の皿に置くことを意味する．0 は使わないという意味である．最初の回を例にとると，A, B を左に，C, D を右に置いて量る．注意する点は，3 回目は，1 回目と 2 回目の結果によって変わることである．表の中で + は量った時に左側が重かった，- は左側が軽かった，0 は釣り合っていたという意味である．たとえば -0 というのは 1 回目が左側が軽かった，2 回目が釣り合っていたということである．

二番目の表は，3 回量ったのに応じて偽コインがどれなのかを示す表である．やはり +, -, 0 で 3 回の結果を示している．

コイン	量り方			
	1回目	2回目	++, --, -0 の場合の3回目	その他の場合の3回目
A	L	L	L	0
B	L	0	R	L
C	R	L	0	0
D	R	0	0	R
E	0	R	L	R
F	0	R	R	0
G	0	0	0	L

結果	偽コイン	結果	偽コイン
+++	AG	0-+	FG
++0	AB	0-0	EG
+0+	BG	0--	EF
+00	AF	-++	CG
+0-	AE	-+-	CD
+-+	BF	-0+	CE
+-0	BE	-00	DG
0++	BC	-0-	CF
0+0	AC	--+	DE
0+-	AD	---	DF
000	BD		

出所：ディック・ヘス

A62 和と積4

1890を見ているのはBだ，ということは少し考えるとわかる．BはAの帽子に1890を見て，

$2+945$ $(=883+64)$, $5+378$ $(=379+4)$,

$7+270$ $(=269+8)$, $10+189$ $(=197+2)$,

$14+135$, $27+70$ $(=89+8)$, $35+54$ $(=73+16)$

のどれかであることがわかる．この中の6通りの可能性は，Aの発言から除外される．上のように，素数と，2のべき乗との和でも表せるからである．このことからBは自分の帽子の数が149に違いないとわかる．

出所：ディック・ヘス

A72 惑星一周の飛行

（a）飛行機3機の場合：最善の場合は，周囲の長さCが2になる．今，座標を定め，出発の島が$x=0$とする．まず，x_1地点までp_1, p_2, p_3が飛び，そこでp_3はp_1とp_2に給油してから出発地点に戻る．p_1とp_2はx_2地点に飛ぶ．そこでp_2はp_1に給油してから戻る．p_1は惑星を回ることを続ける．p_2は，出発地に戻り，再給油してから逆方向にあるx_3地点に向かって飛び，そこでp_1

に会う．p_1 と p_2 は x_4 地点まで進み，そこで p_3 に会って燃料を分け合い出発地へ戻る．x_1 地点での燃料の制約から，p_3 が安全に戻るために

$$x_1 \leqq 1/4$$

であることが必要である．x_2 地点での燃料の制約から，

$$2 - 2(x_2 - x_1) \geqq 1 + x_2$$

となる．p_1 が x_2 から x_3 に行くためには

$$1 \geqq C - x_2 - x_3$$

であることが必要である．x_3 地点での燃料の制約から，

$$1 - x_3 \geqq 2(x_3 - x_4)$$

である．x_4 地点での燃料の制約から

$$x_4 \leqq 1/4$$

である．また p_1 と p_2 が x_2 から x_3 へ行く時間の制約がある．p_1 が $C - x_2 - x_3$ だけ移動する間に，p_2 は $x_2 + x_3$ だけ移動するので，

$$C - x_2 - x_3 \geqq x_2 + x_3$$

でなければならない．この制約が，p_2 が x_2 から島に戻り，再給油

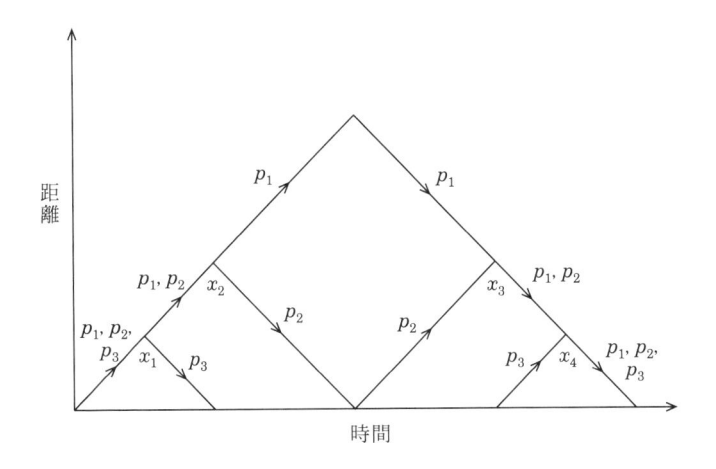

して x_3 に行って p_1 と会うのに間に合うことを保証している．x_1 から x_4 までがこれらの制約をすべて満たした上で，C を最大化する．その方法はいくつかある．そのうち対称的なものでは，$x_1 = 1/4$，$x_2 = x_3 = 1/2$，$x_4 = 1/4$ のとき $C = 2$ となる．前ページの図に飛行時間と距離の関係を示す．

（b）飛行機 4 機の場合：出題者が達成した最善の場合は，周囲の長さ C が $106/45$ の距離になる．まず，x_1 地点まで p_1, p_2, p_3, p_4 を送る．そこで p_4 は p_1, p_2, p_3 に給油してから島に戻る．p_4 はあとで p_2 を迎えに行く．p_1, p_2, p_3 はさらに x_2 地点まで進む．そこで p_3 は p_1, p_2 に給油してから島に戻る．p_3 はあとで p_1 を迎えに行く．p_1 と p_2 は x_3 地点まで進む．そこで p_2 は p_1 に給油して戻る．p_1 はそのまま惑星を回ることを続ける．p_2 は x_4 まで戻る．そこで飛んできた p_4 と燃料を分け合い，両者は安全に島に戻る．p_3 は x_2 から戻り再給油して，戻ってくる p_1 を迎えに x_5 へ行く．そして p_1 と p_5 は燃料を分け合って x_6 まで戻る．その間，p_2 と p_4 が戻り，再給油して x_7 に向かう．そこで p_4 は p_2 に給油し

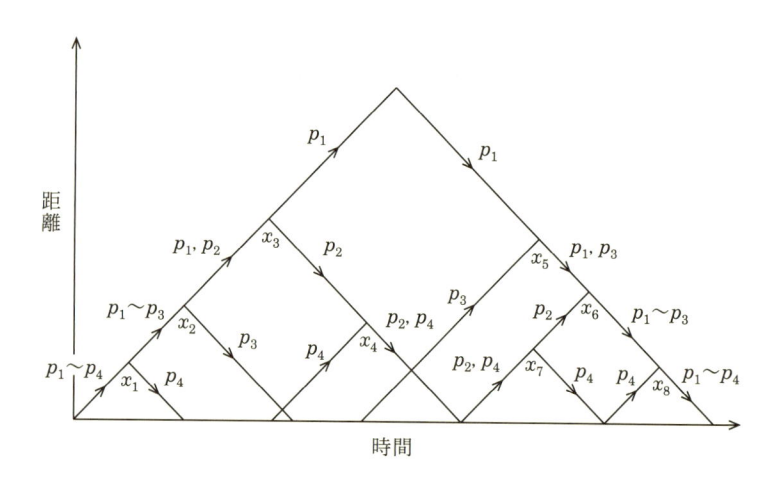

て戻る．p_2 は p_1 と p_3 に会いに x_6 に向かう．そこから p_1, p_2, p_3 は x_8 に向かって飛び続け，そこで p_4 から燃料をもらい，無事に島に戻る．それぞれの地点での制約は次のとおりである．

- x_1 地点： $x_1 \leqq 1/5$
- x_2 地点： $3 - 3(x_2 - x_1) \geqq 2 + x_2$
- x_3 地点： $2 - 2(x_3 - x_2) \geqq 1 + (x_3 - x_4)$
- x_4 地点： $1 - x_4 \geqq 2x_4$
- x_5 地点： $1 - x_5 \geqq 2(x_5 - x_6)$
- x_6 地点： $1 - (x_6 - x_7) \geqq 3(x_6 - x_8)$
- x_7 地点： $2 - 2x_7 \geqq 1 + x_7$
- x_8 地点： $x_8 \leqq 1/5$

また p_1 が x_3 から x_5 に着くには，$1 \geqq C - x_3 - x_5$ であることが必要である．次のような時間の制約もある．

- p_2 と p_4 が x_1 から x_4 へ行けるために，
  $(x_3 - x_1) + (x_3 - x_4) \geqq x_1 + x_4$
- p_1 と p_3 が x_2 から x_5 へ行けるために，
  $C - x_2 - x_5 \geqq x_2 + x_5$
- p_1 と p_2 が x_3 から x_6 へ行けるために，
  $C - x_3 - x_6 \geqq x_3 + x_6$
- p_2 と p_4 が x_7 から x_8 へ行けるために，
  $(x_6 - x_7) + (x_6 - x_8) \geqq x_7 + x_8$

x_1 から x_8 までがこれらの制約をすべて満たした上で，C を最大化する．その方法はいくつかある．そのうちの一つでは，

$$x_1 = 1/5, \quad x_2 = 2/5, \quad x_3 = 32/45, \quad x_4 = 1/3,$$
$$x_5 = 29/45, \quad x_6 = 7/15, \quad x_7 = 4/15, \quad x_8 = 1/5$$

のとき $C = 106/45 = 2.355555\cdots$ となる．前ページの図に飛行時間と距離の関係を示す．

出所：ディック・ヘス

A82 正三角形への距離

図で，A を原点とし PA = 1 とすると $x^2 + y^2 = 1$ である．$\mathrm{PB}^2 = 4$ から $s^2 - 2sx = 3$ となる．$\mathrm{PC}^2 = 9$ から $s^2 + 2y\cos 60° - sx = 8$ である．これを解くと，$s^2 = 7$, $x^2 = 4/7$, $y^2 = 3/7$ となる．

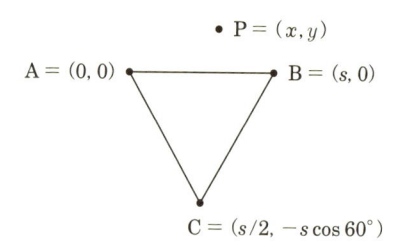

$$\bullet\ \mathrm{P} = (x, y)$$

A = (0, 0) ● ―――――――● B = (s, 0)

C = $(s/2, -s\cos 60°)$

出所：不明

A92 コイン投げ

円盤の直径を d とするとき，円盤が一つのタイルだけに乗る確率は $P_C = (1-d)^2$ であり，円盤が角に重なる確率は $P_D = \pi d^2/4$ である．だから勝つ確率は $P = 1 - P_C - P_D$ である．この関数は $d = 4/(\pi+4) \fallingdotseq 0.560099153\cdots$ のときに最大になる．面白いことに，そのとき勝つ確率も $P = 4/(\pi+4) \fallingdotseq 0.560099153\cdots$ になる．

出所：ブライアン・バーウェル

A3 誕生日プレゼント

彼は 2 月 29 日に生まれた．そしてプレゼントをもらった日に 28 歳になったのである．

出所：不明

A103 脳がぶっとぶ算数さいころ

(a) $67 = \sqrt{8! \div 9 + 9}$

(b) $21 = \sqrt{7! \times .7 \div 8} = 7! \div \sqrt{8! \div .7} = 7 \div \sqrt{\dot{.8} - \dot{.7}}$

(c) $11 = 8 + 6 \div \sqrt{4} = \sqrt{4} \div \dot{.6} + 8 = \sqrt{6 \div \sqrt{.4}} + 8$
$= 6 + 4 \div .8 = (8 - \dot{.6}) \div \sqrt{.4} = (8 - \sqrt{.4}) \div \dot{.6}$

解答   103

(d) $27 = \sqrt{\sqrt{.\dot{1}^{1-7}}} = \sqrt[-.\dot{7}+.\dot{1}]{\sqrt{.\dot{1}}} = \sqrt[-\sqrt{.\dot{7}-\sqrt{.\dot{1}}}]{.\dot{1}}$

(e) $33 = \sqrt{4 \div .0\dot{6}}$

(f) $48 = \sqrt{\sqrt[.\dot{1}]{2} \div .\dot{2}}$

(g) $32 = (7 + .\dot{1}) \div .\dot{2} = \sqrt[-.\dot{1}]{\sqrt{.\dot{7} - .\dot{2}}}$

(h) $96 = \sqrt{\sqrt[.\dot{1}]{2} \times 9} = \sqrt{9!!} \times (\sqrt{.\dot{1}} - .2)$

(i) $96 = 5! - \sqrt{16!} = \sqrt[\sqrt{.\dot{1}}]{6} - 5!$

(j) $72 = (\sqrt[-.\dot{5}]{\sqrt{.\dot{1}}})! \div 7! = 5! \times (.7 - .1)$

(k) $44 = 8 \div .1\dot{8}$

(l) $39 = (4! + 2) \div .\dot{6} = 26 \div \sqrt{.\dot{4}}$

(m) $84 = \sqrt{\sqrt[.\dot{2}]{6} - 6!}$

(n) $22 = 33 \times .\dot{6} = \sqrt{(3!! + 3!) \times .\dot{6}} = (3 + .\dot{6}) \times 3!$
$\quad = (3! + .6) \div .3$

(o) $55 = (8! - 3!!) \div 3!!$

(p) $58 = \sqrt{(7! + 3!) \times \sqrt{.\dot{4}}}$

(q) $42 = 5! \times .35$

(r) $87 = \sqrt{(7! + 6) \div \sqrt{.\dot{4}}}$

(s) $36 = \sqrt[.\dot{5}]{\sqrt{(5 \div .\dot{5})!}} = \sqrt{\sqrt{5 \div .\dot{5}!!} \div .\dot{5}}$

(t) $72 = (5 \div .\dot{5})! \div 7!$

(u) $45 = 7! \div (5! - 8) = \sqrt[-.\dot{5}]{\sqrt{.\dot{8} - .\dot{7}}} = 5 \div (.\dot{8} - .\dot{7})$

(v) $66 = \sqrt{(6! + 6) \times 6}$

(w) $21 = \sqrt{\sqrt{7^6} \div .\dot{7}} = \sqrt[.\dot{6}]{7} \div \sqrt{.\dot{7}} = .7 \div (.7 - .\dot{6})$
$\quad = 7 \div \sqrt{.\dot{7} - .\dot{6}} = (7 + 7) \div .\dot{6}$

(x) $4 = .\dot{7} + \sqrt[.\dot{8}]{8} = \sqrt{8! \div 7! + 8} = \sqrt{7 + 8 \div .\dot{8}} = 7 - \sqrt{8 \div .\dot{8}}$
$\quad = \sqrt{(8! + 8!) \div 7!}$

(y) $32 = 6! \times .0\dot{4} = \sqrt{4^{6-0!}} = \sqrt[0!-.\dot{6}]{4}$

(z) $18 = \sqrt[-.\dot{5}]{\sqrt{.0\dot{5}}} = 0! \div (.\dot{5} - .5)$

(A) $56 = (\sqrt[\sqrt{.\dot{1}}]{2})! \div 6! = 6 \div .\dot{1} + 2 = (6 + .\dot{2}) \div .\dot{1}$

（B）$45 = 5! \div \sqrt{7 + .\dot{1}} = 7 \div .1\dot{5}$

（C）$67 = \sqrt{8! \times .\dot{1}} + 9$

（D）$48 = \sqrt{2^9 \div .\dot{2}} = 2 \times (\sqrt{9!} - 2)!$

（E）$84 = \sqrt{\sqrt[.2]{3!} - 3!!}$

（F）$45 = \sqrt{6! \div (.\dot{5} - .\dot{2})} = 5! \div (2 + .\dot{6}) = 2 \div (.\dot{6} - .\dot{5})$

（G）$84 = (\sqrt{\sqrt{\sqrt{.2^{-8}}}})! \times .7 = \sqrt{8! \times .7} \div 2 = \sqrt{(8! - 7!) \times .2}$

（H）$36 = \sqrt{7! \div (3 + .\dot{8})} = \sqrt{\sqrt{3!}^{8! \div 7!}}$

（ I ）$56 = 7 \times \sqrt{64} = 7 \times \sqrt{\sqrt{4^6}} = 7 \times \sqrt[.\dot{6}]{4} = 7 \times (6 + \sqrt{4})$

（J）$78 = 5! \times .65$

（K）$84 = 56 \div .\dot{6} = \sqrt{6^5 - 6!} = (5! + 6) \times .\dot{6} = 5! - 6 \times 6$

（L）$12 = \sqrt{7! \div 35} = (7-3)! \times .5 = 5! \div (3+7) = \sqrt{(7-3)! + 5!}$
$= (7 - .\dot{3}) \div .5 = 7! \div 3!! + 5 = (7-5) \times 3!$
$= \sqrt{(.7 - .5) \times 3!!}$

（M）$72 = 8 \times 3^2 = 8 + 2^{3!} = .\dot{3}^{-2} \times 8 = 2^{3!} \div .\dot{8} = 8 \div (.\dot{3} - .\dot{2})$
$= 3 \times (\sqrt{2 \times 8})! = \sqrt{2 \times 8!} \div .\dot{3} = 3!! \div (2 + 8)$
$= (8 \div 2)! \times 3 = (8 \div 2)! \div .\dot{3} = (\sqrt{\sqrt{2^8}})! \times 3$
$= (\sqrt{\sqrt{2^8}})! \div .\dot{3} = 2 \times \sqrt{\sqrt{3!^8}}$

出所：ディック・ヘス

A13　数の蛇2

13	14	29	30	31	32	33	34	35	60
12	15	28	27	26	25	24	23	36	59
11	16	17	18	19	20	21	22	37	58
10	45	44	43	42	41	40	39	38	57
9	46	47	48	49	50	51	52	53	56
8	7	6	5	4	3	2	1	54	55

出所：Journal of Recreational Mathematics

A113　πの近似2

今日知られている最善の式は

（a）$a = .8^{.1} = 0.9779327\cdots$ とし，$b = (.3^9/7)^a = 3.7281090 \times 10^{-6}$ とする．また $c = .5^{.4}$ とすると，
$$2c - .6 - b = \pi + 6.598746 \times 10^{-13}.$$
（b）（a）の答えに 0 を適当なところに加えた式．　　出所：芦ケ原伸之

A23　不思議な数列

英語でアルファベットの何番目かという数，つまり A = 1, B = 2, C = 3, $\cdots$, Z = 26 で 20, 23, 5, 14, 20, 25, 20, 23, 5, 14, 20, 25, 20, 8, 18, 5, 5, 6, 9, 22, 5, 6, 15, 21, 18, 20, 5, 5, 14, 20, 23, $\cdots$ を解読してみると，

　　TWENTY TWENTYTHREE FIVE FOURTEEN TW$\cdots$

になる．これは自分自身を読んでいるのだ．

　この数列の中で出てくるのが一番遅い数は 24 で，SIX のなかの X である．これは 120 番目に初めて出てくる．　　出所：小谷善行

ex.A7　お金の疑問

$10 - 1 = 9$ ドルというのが答え．What is the difference between an old, crumpled and worn ten-dollar bill and a new one? を「古くてしわしわで破れた 10 ドル札と新しい 1 ドル札との差は」と訳すとわかる．　　出所：不明

A33　クッキーを切る

半径 1 の円とすると，面積は π である．次ページの図の角度 θ は $A = \theta - \sin\theta\cos\theta = \pi/3$ である．θ は $74.63708276\cdots°$ という値で，円の中心から $0.264932083\cdots$ 離れた位置で縦に切ることになる．

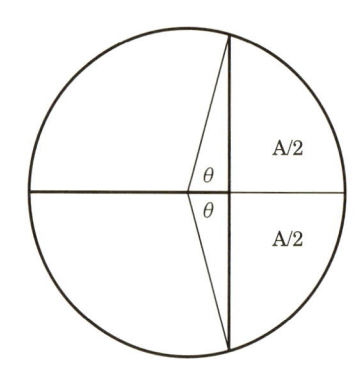

出所：ビル・ゴスパー

A43 　川渡り

図の 2 本の斜めの線分は，それぞれ $20\sqrt{2}/3 = 9.42809\,\mathrm{m}$ である．この値が，2 枚の板の対角線の長さであると解釈すれば，板の長辺 L は，$\sqrt{791}/3 = 9.3749074\,\mathrm{m}$ になる．

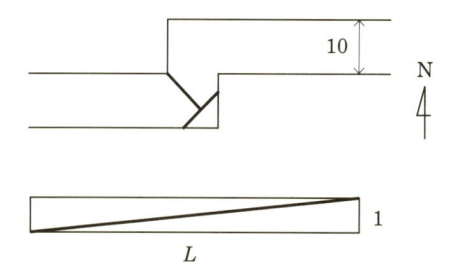

出所：Technology Review

A53 　帽子の論理

A がわからないということは，A が二つの 11 を見ていることはない．B がわからなくて，また B は A がわからないということを知っているので，B が C の帽子に 11 を見ているという状況はありえない．よって，C の数字は 7 である．

出所：ディック・ヘス

A63　3人の学者

それぞれの帽子の数の比 $A:B:C$ を考える．これが対話の順番に従い，次のように除外される．

- A1　2:1:1 が除外される．
- B1　1:2:1 と 2:3:1 が除外される．
- C1　1:1:2, 1:2:3, 2:1:3, 2:3:5 が除外される．
- A2　3:2:1, 4:3:1, 3:1:2, 5:2:3, 4:1:3, 8:3:5 が除外される．
- B2　1:3:2, 1:4:3, 2:5:3, 2:7:5, 3:4:1, 4:5:1, 3:5:2, 5:8:3, 4:7:3, 8:13:5 が除外される．
- C2　ここで C がわかったので，3:2:5, 4:3:7, 3:1:4, 5:2:7, 4:1:5, 8:3:11, 1:3:4, 1:4:5, 2:5:7, 2:7:9, 3:4:7, 4:5:9, 3:5:8, 5:8:13, 4:7:11, 8:13:21 のどれかである．

上の比に対応して，A と B の可能性としては 16 通りある．つまり，

$(A, B) =$ (216216, 144144), (205920, 154440), (270270, 90090),
　　　　　(257400, 102960), (288288, 72072), (262080, 98280),
　　　　　(90090, 270270), (72072, 288288), (102960, 257400),
　　　　　(80080, 280280), (154440, 205920), (160160, 200200),
　　　　　(135135, 225225), (138600, 221760), (131040, 229320),
　　　　　(137280, 223080).

出所：ディック・ヘス

A73　色付けした点

すべての直径について，その両端の点を違う色に塗る．円に内接する直角三角形の斜辺はいつでも直径になっている．だから斜辺の両端の頂点は違う色になる．

出所：不明

A83　二つの三角形

数をチェックしてみると，すぐに

$$(x, y, u, v) = (15, 8, 19, 13)$$

が一つの解であることがわかる．コンピュータで探索してみると，互いに素な次の解として，

$$(x, y, u, v) = (8109409, 10130640, 12976609, 9286489)$$

が見つかった．

出所：Crux Mathematicorum

A93　火曜日の子供

子供二人の性別と生まれた曜日の全パターンを同じ割合で表現するような196家族を想像してみよう．49家族は子供が男二人（男男）だ．別の49家族は女二人（女女）だ．残りの98家族が男と女一人ずつの子供を持つ（男女か女男）．このうち147家族に少なくとも一人の男の子がいて，二番目の発言から，その範囲に話がしぼられる．三番目の発言からつぎのことがわかる．男女のグループでは49家族中7家族に，火曜日生まれの男の子がいる．女男のグループも同様である．男男のグループでは火曜日生まれの男の子がいる家族は13家族である（12家族では火曜日生まれの男の子は一人だけで，1家族は男の子二人とも火曜日生まれ）．

結局，三つの条件をすべて満たす27家族中，13家族が二人の男の子を持つ．したがって，両方の子供が男である確率は13/27である．

出所：ゲーリー・フォシェ

A4　競走

1回目のレースでは2位になった（1位ではない）．2回目のレースで，最下位の選手を追い越す，というのはあり得ない．最下位の人の後ろに人がいることはない．

出所：不明

A104　2枚のタイル

これらの解はいまわかっている最善解である．読者から改善案が聞

ければありがたく歓迎する.

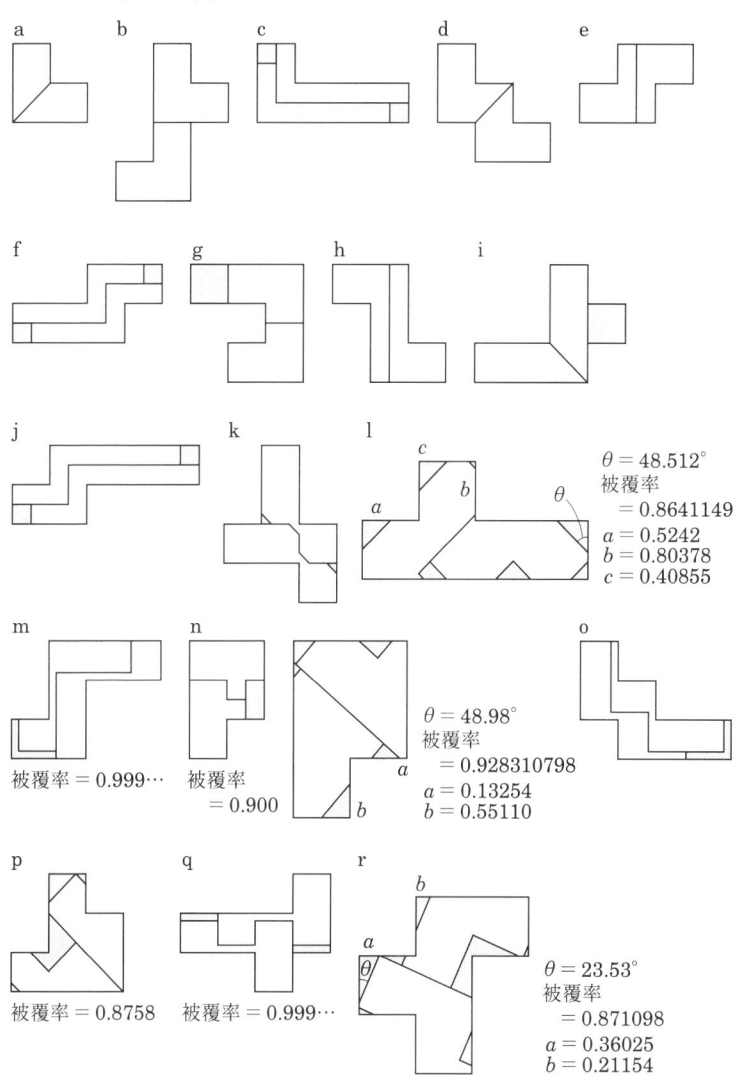

a b c d e

f g h i

j k l

$\theta = 48.512°$
被覆率
$= 0.8641149$
$a = 0.5242$
$b = 0.80378$
$c = 0.40855$

m n

被覆率 $= 0.999\cdots$ 被覆率 $= 0.900$

$\theta = 48.98°$
被覆率
$= 0.928310798$
$a = 0.13254$
$b = 0.55110$

o

p q r

被覆率 $= 0.8758$ 被覆率 $= 0.999\cdots$

$\theta = 23.53°$
被覆率
$= 0.871098$
$a = 0.36025$
$b = 0.21154$

出所:ボブ・ウェインライト, ディック・ヘス

A14 おもちゃを分ける

$58+95$ と $25+41+87$ に分けた．それぞれ 153 ドル．おとうさんはこのときこれだけを子供にあげたのである．

出所：不明

A114 三つの連続する整数

以下の方法で，答えの例をさがせる．三つの数を $N-1, N, N+1$ とし，$N+1=16k$，$N=27m$ としてみる．そうすると，$m=13+16q$ および $k=22+27q$ とすれば，27 の倍数と 16 の倍数が連続する場合を与えられる．あとは，$N-1$ が平方数の倍数となるような q をみつければよく，

$11150 = 446 \times 25, \quad 11151 = 413 \times 27, \quad 11152 = 697 \times 16,$

$12446 = 254 \times 49, \quad 12247 = 461 \times 27, \quad 12448 = 778 \times 16,$

$13310 = 110 \times 121, \quad 13311 = 493 \times 27, \quad 13312 = 832 \times 16$

がその例だ．27 と 16 以外の素数の 3 乗・4 乗についても同じように調べられる．わたしが見つけた一番小さいものは

$1375 = 55 \times 25, \quad 1376 = 172 \times 8, \quad 1377 = 17 \times 81$

だ．他の小さいものには

$11374 = 94 \times 121, \quad 11375 = 91 \times 125, \quad 11376 = 711 \times 16$

がある．

出所：Crux Mathematicorum

A24 9の階乗

9 個の数字は，$1, 2, 4, 4, 4, 5, 7, 9, 9$ である．

出所：芦ケ原伸之

A34 三つに切る

答えは図の二つ．台形の上底の長さを 1 としてある．

0.271

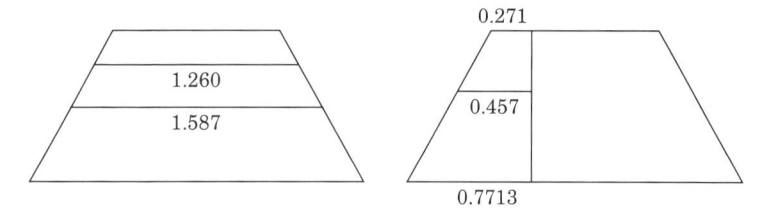

0.457

0.7713

出所：ボブ・ウェインライト

A44 内側の四角

一般性を失うことなく三角形は直角二等辺三角形をとして考えてよい．四辺形の周りの直線の方程式は次のようになる．

$$WT: y = -3x+1, \quad VU: y = -3x/2+1,$$
$$TU: 3y = -x+1, \quad WV: 3y/2 = -x+1.$$

そうすると交点の座標 T, W, V は，$T = (1/4, 1/4)$, $W = (1/7, 4/7)$, $V = (2/5, 2/5)$ である．したがって四辺形 TUVW の面積は $|(T-W) \times (T-V)| = 9/140$. 直角三角形の面積が $1/2$ だから，四辺形の面積の，全体の三角形の面積への比は，$9/70 = 0.12857\cdots$ である．

（訳注：× はベクトルの外積で，2 ベクトルのはさむ平行四辺形の面積に等しい．△TWV と △TUV は合同なので，ベクトル $(T-W)$ と $(T-V)$ の外積＝その平行四辺形の面積＝△TWVの面積の 2 倍＝四辺形の面積）

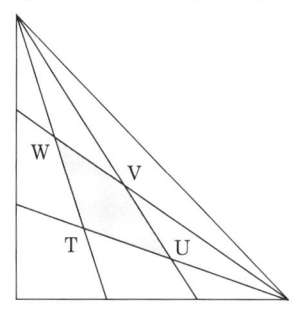

出所：ダリオ・ウリ

A54 妖精たちと怪物

正しい方法を使えば，最初に答える妖精以外は全員解放される．最初の妖精が殉教者になるという全体の了解は必要である．全員で次のように決める．トランプカードに 0 から 51 までの番号を付ける．最初に答える妖精は，自分の見えるカードの合計を計算し，その 52 による剰余（52 で割った余り）を求める（以下の計算はみな 52 による剰余で行う）．これを R とする．彼はこの R を答える．他の妖精は，最初の妖精以外の，自分の見えるカードの合計を求める．これに自分のカードを足したものが R になっている．だから，R からその合計を引けば自分のカードになる．こうして最初の妖精以外がみな助かる．

出所：ディック・ヘス

A64 盲目の論理

ABC のすべての可能性は次の通り．

100, 010, 001, 112, 121, 211, 144, 414, 441, 169, 196, 619, 691, 916, 961, 225, 252, 522, 256, 265, 526, 562, 625, 652, 289, 298, 829, 892, 928, 982, 234, 243, 324, 342, 423, 432, 136, 163, 316, 361, 613, 631, 004, 040, 400, 448, 484, 844, 259, 295, 529, 592, 925, 952, 567, 576, 657, 675, 756, 765, 667, 676, 766, 279, 297, 729, 792, 927, 972, 478, 487, 748, 784, 847, 874, 148, 184, 418, 481, 814, 841, 009, 090, 900

学者 A や C は，次の場合以外はすぐに自分の数字がわかる．

414, 144, 441, 252, 256, 652, 448, 844, 484, 529, 852, 567, 765, 676, 148, 841

これらが残っているとわかると，さらに，A と C は次の場合が可能性が残っていると推論する．

144, 441, 252, 448, 844, 148, 841

さらにどちらも発言できないなら，可能性は次の場合に減る．

144, 441, 448, 844, 148, 841

残ったこれらの場合はどれも B の帽子が 4 である．したがってここで学者 B が，自分の帽子の数字が 4 であると発言することになる．答えのパターンはこの 6 通りである． 出所：ディック・ヘス

A74 市松模様の正方形

まず，偶数番めの縦列の色を反転する．つぎに偶数番目の横列の色を反転する．こうすると全体が縦横 1 番目のマス目の色になる．12×12 の盤では，12 回の操作がかかる． 出所：Crux Mathematicorum

A84 三つの整数三角形

p, q を互いに素な整数として $\cos\theta = p/q$ のときに限り $a, \cdots, i$ が整数になる．(a) では $15\theta < 180°$ なので，$\theta < 12°$ となり $\cos\theta > 0.98714\cdots$ であり，$q > 45$ を得る．この問題は代数で解くことができるが，数値的に解く方が簡単である．$\cos\theta = 45/46$ として四つの三角形を独立に解くと，

$a = 529k, \quad b = 1035k, \quad c = 1496k;$

$d = 418642136m, \quad e = 529447005m, \quad f = 709644761m;$

$g = 172726942962199n, \quad h = 189783039512880n,$

$i = 149252376812351n;$

$c = 910507711420985554417765r,$

$f = 911289037060712700994862r,$

$i = 749414954736826874 1303r$

となる．

2 度出てくる c, f, i が同じになるように k, m, n, r を選ぶ．そうすると

$i = 1187452389139022621502501244348687897422398794968$

を得る．他の長さもこれから決まる．他の $q > 45$ について，共通

因数で割ってより小さい i が得られるかどうかも調べなくてはならない．一般的には q が偶数なら，64 が共通因数になり，取り除かれる．他の共通因数は実際に割り算をして探さなくてはならないが，$q=400$ までの探索では上の解を改善するものは見つからなかった．

(b) では，$15\theta < 90°$ つまり $\theta < 6°$ であり，$\cos\theta < 0.99452\cdots$ より $q > 182$ を得る．$q = 184$ を調べるのが自然であるように思われるが，$q = 192$ が取り除ける共通因数 71 を持つので，知られている最善解になる．すなわち，$\cos\theta = 191/192$ とすると，

$$a = 9216k, \quad b = 18336k, \quad c = 27265k;$$
$$d = 2315743395840m, \quad e = 3050002612224m,$$
$$f = 5033291921281m;$$
$$g = 3263657262239977735 76521n,$$
$$h = 38406366465410841159 0258n,$$
$$i = 60210041846270240749 6537n;$$
$$c = 594897197464884268007 313490753509r,$$
$$f = 661672505290905747338 877646897817r,$$
$$i = 906954042919390298566 355588266574r$$

より，

$i = 15078406343301162342174195678970108688730912059334211350298519220 2682110$

となる．他の長さもこれから決まる． 出所：ニック・バクスター，ディック・ヘス

A94 猿とタイプライタ

その巨大な文字列は，$n = 3.1556952 \times 10^{34}$ 文字でできている．これは 1 年が 3.1556952×10^7 秒であることから来ている（グレゴリウス暦）．この 18 文字の文言がぴったり一致する可能性のある機会は $n - 17$ 回である．その機会のうち特定の 1 回で一致する確率は $p = 100^{-18} = 10^{-36}$ である．$n - 17$ 回のうち，一度もこの 18 文

字が出現しない確率は $Q = (1-p)^{n-17}$ である．Q の自然対数をとると $\log Q = (n-17) \times \log(1-p) \fallingdotseq -np$ である（$x > 0$ が十分小さければ $\log(1-x) \fallingdotseq -x$ になる）．よって $Q = e^{-np} = 0.968936$．求める確率は $1 - Q = 0.03106423\cdots$ となり 3% より少し大きい確率になる．

出所：ディック・ヘス

A5 式の展開

$(x - x)$ という項があるから，この 26 個の積の値は 0．　出所：不明

A105 3枚のタイル

これらの解もいまわかっている最善解である．読者から改善案が聞ければありがたく歓迎する．

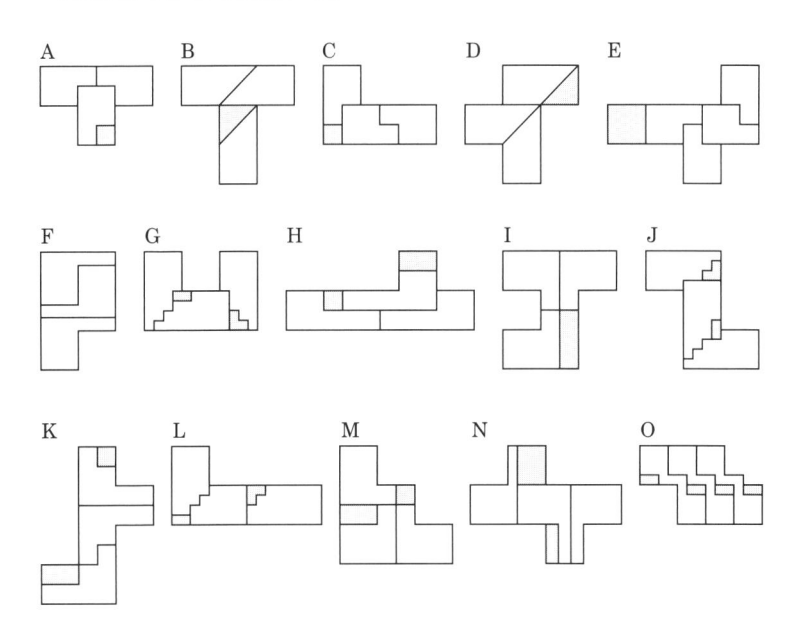

P

$\theta = 47.411°$
$x = 1.0786$
$y = x + \tan\theta$
$\quad = 1.99779$
被覆率
$\quad = 0.905349$

Q

被覆率 $= 0.9999\cdots$

R

$\theta = 40.4908°$
$x = 0.784227$
被覆率 $= 0.8239$

S

被覆率 $= 0.9999\cdots$

T

$\theta = 45°$
$x = 1.09256$
被覆率 $= 0.9074$

U

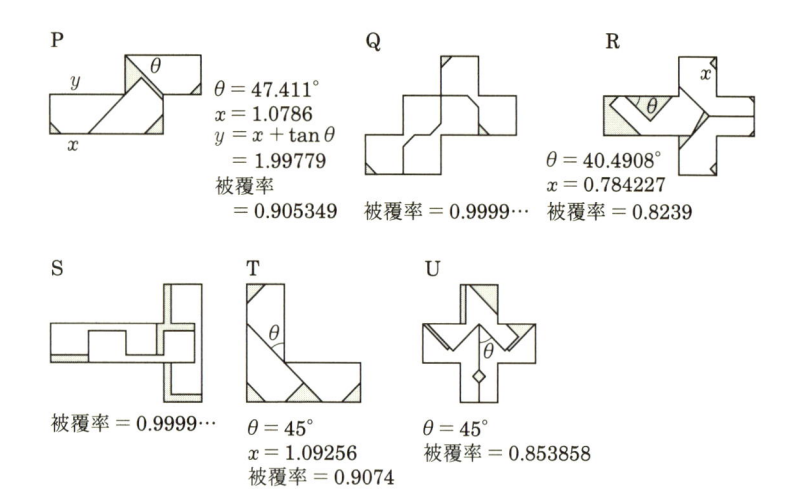

$\theta = 45°$
被覆率 $= 0.853858$

出所：ボブ・ウェインライト，ディック・ヘス

A15 回る円盤

大きい円盤の円周6周分と，小さい円周の7周分が等しい．再びP点とQ点がくっつくまでに，二つの円盤の接点はこの長さを動いていく必要がある．小さい円盤がそのように動くと，13回回転する．そのうち7回分は，動く長さが直線だとしたときの小さい円盤の回転分である．6回分は動く長さが巻いている回数分である．

出所：Crux Mathematicorum

A115 簡単な整数

（a）45が9と5で割り切れるので，45で割り切れる簡単な整数の1の位は0であり，各位の数字の和が9である．そのような最小のものは1111111110で，その次に小さいものは10111111110となり，10番目までの11111111100まで続く．それら10番目までの合計は9999999990になり，平均足す1は10^{10}になる．

（b）$2439 = 9 \times 271$なので，まず，この簡単な整数の各位の数字の和は9で割り切れる．つぎに，$10^3 \equiv 187 \mod (271)$, $10^4 \equiv 244 \mod (271)$, $10^5 \equiv 1 \mod (271)$に注意する．そこでグルー

プ別に桁の和を求める．つまり下から $1, 6, 11, \cdots$ 桁目の数字の合計を A，$2, 7, 12, \cdots$ 桁目の数字の合計を B，$3, 8, 13, \cdots$ 桁目の数字の合計を C，$4, 9, 14, \cdots$ 桁目の数字の合計を D，$5, 10, 15, \cdots$ 桁目の数字の合計を E とする．この簡単な整数が 9 で割り切れることから，$A + B + C + D + E \equiv 0 \mod (9)$，271 で割り切れることから $A + 10B + 100C + 187D + 244E \equiv 0 \mod (271)$ となる．これらを満たす最小の解は $(A, B, C, D, E) = (6, 4, 1, 4, 3)$ になり，2439 で割り切れる最小の簡単な整数は 26 桁で，

$$N = 10000101011110111101111111$$
$$= 2439 \times 4100082415379299344449$$

となる．

出所：スティーブ・カハン

A25 小町素数

(a) 1123465789　　(b) 10123457689

出所：ディック・ヘス

A35 四つに切る

答えは図のようなものである．台形の上底の長さは 1 としてある．

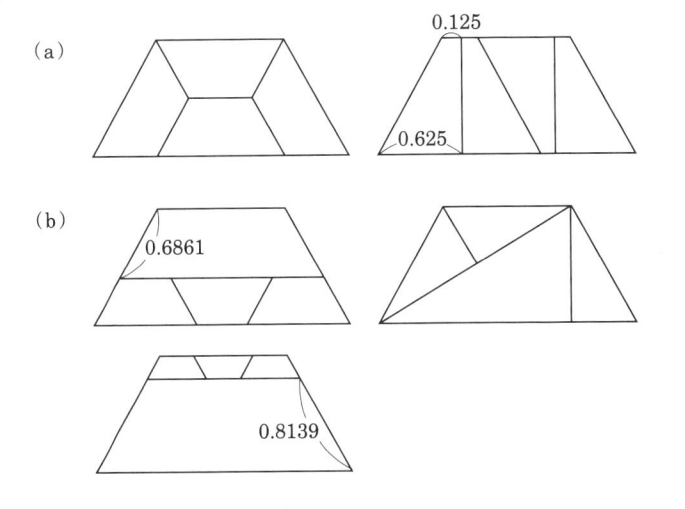

(c)

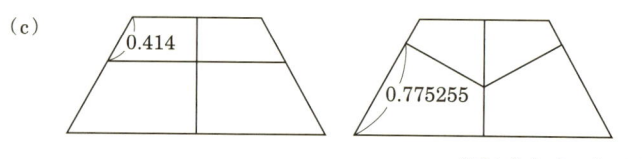

出所：ボブ・ウェインライト

A45 傾いた道

正方形は一辺 1000 m である．次の図で，三角形 ABC の面積は $500(1000-d)\,\mathrm{m}^2$ で，$\tan\theta = 1000/(1000-d) = \sin\theta/\cos\theta$，$\sin\theta = 10/d$ から，

$$1000\sin\theta - 1000\cos\theta = 10.$$

よって

$$\sin 2\theta = 2\sin\theta\cos\theta = 1 - (\sin\theta - \cos\theta)^2 = 0.9999$$

で，$\cos 2\theta = -0.014141782$．これから，$d = 14.04318638\cdots$ m，三角形の面積は $492978.4068\cdots\,\mathrm{m}^2$ になる．

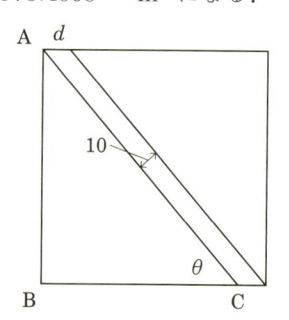

出所：Technology Review

A55 帽子をかぶった4人の男

C が，自分の帽子の色は B の帽子の色と違うことがわかり，それを答えた．D が答えなかったから，B と C の帽子の色が違う，と C は推論したのだ．

出所：ウェイフワ・フワン

A65 鐘を鳴らす

学者 A, B の帽子の数は，小さい数を先に書くと，次の可能性がある．

(0, 6), (1, 5), (2, 4), (3, 3), (0, 11), (1, 10), (2, 9), (3, 8), (4, 7), (5, 6), (0, 19), (1, 18), (2, 17), (3, 16), (4, 15), (5, 14), (6, 13), (7, 12), (8, 11), (9, 10).

11 より大きい数が使われていれば，それを見た人は最初から自分の数がわかる．すなわち，1 回目の鐘のあと，(0, 19), (1, 18), (2, 17), (3, 16), (4, 15), (5, 14), (6, 13), (7, 12) が除外され，

(0, 6), (1, 5), (2, 4), (3, 3), (0, 11), (1, 10), (2, 9), (3, 8), (4, 7), (5, 6), (8, 11), (9, 10)

が残る．

2 回目の鐘のあと，(4, 7) が除外され，

(0, 6), (1, 5), (2, 4), (3, 3), (0, 11), (1, 10), (2, 9), (3, 8), (5, 6), (8, 11), (9, 10)

が残る．(7, 12) の可能性がもうなくなっているので，7 を見た人は自分が 4 だと分かるからである．

3 回目の鐘のあと，(2, 4) が除外される．同様にして順に，

(2, 9), (9, 10), (1, 10), (1, 5), (5, 6), (0, 6), (0, 11), (8, 11)

が 11 回目の鐘までに除外される．残っているのは (3, 8) と (3, 3) である．12 回目の鐘のとき，A が 8 を見，B は 3 を見ている．A は自分の帽子の数字が 3 だとわかるが，B は自分の帽子の数字が 3 か 8 かわからない．

出所：ディック・ヘス

A75 家の番号

$1, 16, 81, \cdots, n^4$ の合計は，$1, 4, 9, \cdots, n^2$ の合計の $(3n^2 + 3n + 1)/5$ 倍であることが知られている．したがって $3n^2 + 3n + 1$ が平方数の 5 倍であればよい．そうなるのは，$n = 1, 6, 86, 401, 5361,$

24886, ⋯ である． 出所：Journal of Recreational Mathematics

A85 あなたは医者

(A, B, f_A, f_B) という記号で，大きい方の瓶に A cc の液がありそのなかに薬が 1 錠の f_A 倍分が溶けていて，小さい方の瓶に B cc の液がありそのなかに薬が 1 錠の f_B 倍分が溶けている，という意味を表すとする．最初の回はいつもどちらかの瓶をいっぱいにすることから始まる．そして移し替えの回が続く．錠剤を入れるのも一つの回として数える．

<u>瓶の容量が 5 cc と 3 cc</u>

（a）作る液 ＝ 10%（12 回）：$(5, 0, 0, 0)$, $(2, 3, 0, 0)$, $(2, 0, 0, 0)$, $(0, 2, 0, 0)$, $(5, 2, 0, 0)$, $(4, 3, 0, 0)$, $(4, 0, 0, 0)$, $(4, 0, 1, 0)$, $(1, 3, 0.25, 0.75)$, $(1, 0, 0.25, 0)$, $(5, 0, 0.25, 0)$, $(2, 3, 0.1, 0.15)$. 溶液は 5 cc の瓶にできている．

（b）作る液 ＝ 13%（14 回）：$(0, 3, 0, 0)$, $(0, 3, 0, 1)$, $(3, 0, 1, 0)$, $(3, 3, 0, 1)$, $(5, 1, 2/3, 1/3)$, $(3, 3, 0.4, 0.6)$, $(5, 1, 0.8, 0.2)$, $(3, 3, 0.48, 0.52)$, $(5, 1, 62/75, 13/75)$, $(0, 1, 0, 13/75)$, $(1, 0, 13/75, 0)$, $(1, 3, 13/75, 0)$, $(4, 0, 13/75, 0)$, $(1, 3, 13/300, 0.13)$. 溶液は 3 cc の瓶にできている．

（c）作る液 ＝ 1%（18 回）：$(0, 3, 0, 0)$, $(3, 0, 0, 1)$, $(3, 3, 0, 0)$, $(5, 1, 0, 0)$, $(5, 1, 1, 0)$, $(3, 3, 0.6, 0.4)$, $(5, 1, 13/15, 2/15)$, $(3, 3, 0.52, 0.48)$, $(5, 1, 0.84, 0.16)$, $(0, 1, 0, 0.16)$, $(1, 0, 0.16, 0)$, $(1, 3, 0.16, 0)$, $(4, 0, 0.16, 0)$, $(1, 3, 0.04, 0.12)$, $(1, 0, 0.04, 0)$, $(1, 3, 0.04, 0)$, $(4, 0, 0.04, 0)$, $(1, 3, 0.01, 0.03)$. 溶液は 5 cc の瓶にできている．

（d）作る液 ＝ 7%（20 回）：$(0, 3, 0, 0)$, $(3, 0, 0, 0)$, $(3, 3, 0, 0)$, $(3, 3, 0, 1)$, $(5, 1, 2/3, 1/3)$, $(0, 1, 0, 1/3)$, $(1, 0, 1/3, 0)$, $(1,$

解答   121

3, 1/3, 0), (4, 0, 1/3, 0), (1, 3, 1/12, 0.25), (1, 0, 1/12, 0), (0, 1, 0, 1/12), (0, 3, 0, 1/12), (3, 0, 1/12, 0), (3, 3, 1/12, 0), (5, 1, 1/12, 0), (3, 3, 0.05, 1/30), (5, 1, 13/180, 1/90), (3, 3, 13/300, 0.04), (5, 1, 0.07, 1/75). 溶液は 5 cc の瓶にできている.

<u>瓶の容量が 5 cc と 4 cc</u>

(a) 作る液 = 50%（9 回）：(0, 4, 0, 0), (4, 0, 0, 0), (4, 4, 0, 0), (5, 3, 0, 0), (0, 3, 0, 0), (3, 0, 0, 0), (3, 4, 0, 0), (3, 4, 0, 1), (5, 2, 0.5, 0.5). 溶液は両方の瓶にできている.

(b) 作る液 = 61%（12 回）：(0, 4, 0, 0), (4, 0, 0, 0), (4, 4, 0, 0), (5, 3, 0, 0), (0, 3, 0, 0), (3, 0, 0, 0), (3, 4, 0, 0), (3, 4, 0, 1), (5, 2, 0.5, 0.5), (3, 4, 0.3, 0.7), (5, 2, 0.65, 0.35), (3, 4, 0.39, 0.61). 溶液は 4 cc の瓶にできている.

(c) 作る液 = 74%（13 回）：(0, 4, 0, 0), (4, 0, 0, 0), (4, 4, 0, 0), (5, 3, 0, 0), (0, 3, 0, 0), (3, 0, 0, 0), (3, 4, 0, 0), (5, 2, 0, 0), (5, 2, 1, 0), (3, 4, 0.6, 0.4), (5, 2, 0.8, 0.2), (3, 4, 0.48, 0.52), (5, 2, 0.74, 0.26). 溶液は 5 cc の瓶にできている.

(d) 作る液 = 38%（18 回）：(0, 4, 0, 0), (4, 0, 0, 0), (4, 4, 0, 0), (5, 3, 0, 0), (0, 3, 0, 0), (3, 0, 0, 0), (3, 4, 0, 0), (3, 4, 0, 1), (5, 2, 0.5, 0.5), (0, 2, 0, 0.5), (0, 4, 0, 0.5), (4, 0, 0.5, 0), (4, 4, 0.5, 0), (5, 3, 0.5, 0), (4, 4, 0.4, 0.1), (5, 3, 0.425, 0.075), (4, 4, 0.34, 0.16), (5, 3, 0.38, 0.12). 溶液は 5 cc の瓶にできている.

<u>瓶の容量が 10 cc と 7 cc</u>

(a) 作る液 = 40%（7 回）：(0, 7, 0, 0), (7, 0, 0, 0), (7, 7, 0, 0), (7, 7, 0, 1), (10, 4, 3/7, 4/7), (7, 7, 0.3, 0.7), (10, 4, 0.6,

0.4).溶液は 7 cc の瓶にできている．

(b) 作る液 $= 10\%$（11 回）：(10, 0, 0, 0), (3, 7, 0, 0), (3, 0, 0, 0), (0, 3, 0, 0), (10, 3, 0, 0), (6, 7, 0, 0), (6, 0, 0, 0), (0, 6, 0, 0), (10, 6, 0, 0), (10, 6, 1, 0), (9, 7, 0.9, 0.1). 溶液は 7 cc の瓶にできている．

(c) 作る液 $= 50\%$（17 回）：(10, 0, 0, 0), (3, 7, 0, 0), (3, 0, 0, 0), (0, 3, 0, 0), (10, 3, 0, 0), (6, 7, 0, 0), (6, 0, 0, 0), (0, 6, 0, 0), (10, 6, 0, 0), (9, 7, 0, 0), (9, 0, 0, 0), (2, 7, 0, 0), (2, 0, 0, 0), (0, 2, 0, 0), (10, 2, 0, 0), (10, 2, 1, 0), (5, 7, 0.5, 0.5). 溶液は両方の瓶にできている．

(d) 作る液 $= 25\%$（21 回）：(10, 0, 0, 0), (3, 7, 0, 0), (3, 0, 0, 0), (0, 3, 0, 0), (10, 3, 0, 0), (6, 7, 0, 0), (6, 0, 0, 0), (0, 6, 0, 0), (10, 6, 0, 0), (9, 7, 0, 0), (9, 0, 0, 0), (2, 7, 0, 0), (2, 0, 0, 0), (0, 2, 0, 0), (10, 2, 0, 0), (10, 2, 1, 0), (5, 7, 0.5, 0.5), (5, 0, 0.5, 0), (5, 7, 0.5, 0), (10, 2, 0.5, 0), (5, 7, 0.25, 0.25). 溶液は両方の瓶にできている．

(e) 作る液 $= 29\%$（24 回）：(10, 0, 0, 0), (3, 7, 0, 0), (3, 0, 0, 0), (0, 3, 0, 0), (10, 3, 0, 0), (6, 7, 0, 0), (6, 0, 0, 0), (0, 6, 0, 0), (10, 6, 0, 0), (9, 7, 0, 0), (9, 0, 0, 0), (2, 7, 0, 0), (2, 0, 0, 0), (0, 2, 0, 0), (10, 2, 0, 0), (10, 2, 1, 0), (5, 7, 0.5, 0.5), (0, 7, 0, 0.5), (7, 0, 0.5, 0), (7, 7, 0.5, 0), (10, 4, 0.5, 0), (7, 7, 0.35, 0.15), (10, 4, 29/70, 3/35), (7, 7, 0.29, 0.21). 溶液は 10 cc の瓶にできている．

(f) 作る液 $= 19\%$（29 回）：(10, 0, 0, 0), (3, 7, 0, 0), (3, 0, 0, 0), (0, 3, 0, 0), (10, 3, 0, 0), (6, 7, 0, 0), (6, 0, 0, 0), (0, 6, 0, 0), (10, 6, 0, 0), (9, 7, 0, 0), (9, 0, 0, 0), (2, 7, 0, 0), (2, 0, 0, 0), (0, 2, 0, 0), (10, 2, 0, 0), (10, 2, 1, 0), (5, 7, 0.5, 0.5), (5, 0, 0.5, 0), (5, 7, 0.5, 0), (10, 2, 0.5, 0), (5, 7, 0.25,

解答 123

0.25), (0, 7, 0, 0.25), (7, 0, 0.25, 0), (7, 7, 0.25, 0), (10, 4, 0.25, 0), (7, 7, 0.175, 0.075), (10, 4, 29/140, 3/70), (7, 7, 0.145, 0.105), (10, 4, 0.19, 0.06). 溶液は 10 cc の瓶にできている.

<u>瓶の容量が 10 cc と 9 cc</u>

（a）作る液 ＝ 30%（11 回）：(10, 0, 0, 0), (1, 9, 0, 0), (1, 0, 0, 0), (0, 1, 0, 0), (10, 1, 0, 0), (2, 9, 0, 0), (2, 0, 0, 0), (0, 2, 0, 0), (10, 2, 0, 0), (10, 2, 1, 0), (3, 9, 0.3, 0.7). 溶液は 10 cc の瓶にできている.

（b）作る液 ＝ 40%（15 回）：(10, 0, 0, 0), (1, 9, 0, 0), (1, 0, 0, 0), (0, 1, 0, 0), (10, 1, 0, 0), (2, 9, 0, 0), (2, 0, 0, 0), (0, 2, 0, 0), (10, 2, 0, 0), (3, 9, 0, 0), (3, 0, 0, 0), (0, 3, 0, 0), (10, 3, 0, 0), (10, 3, 1, 0), (4, 9, 0.4, 0.6). 溶液は 10 cc の瓶にできている.

（c）作る液 ＝ 50%（19 回）：(10, 0, 0, 0), (1, 9, 0, 0), (1, 0, 0, 0), (0, 1, 0, 0), (10, 1, 0, 0), (2, 9, 0, 0), (2, 0, 0, 0), (0, 2, 0, 0), (10, 2, 0, 0), (3, 9, 0, 0), (3, 0, 0, 0), (0, 3, 0, 0), (10, 3, 0, 0), (4, 9, 0, 0), (4, 0, 0, 0), (0, 4, 0, 0), (10, 4, 0, 0), (10, 4, 1, 0), (5, 9, 0.5, 0.5). 溶液は両方の瓶にできている.

（d）作る液 ＝ 5%（22 回）：(10, 0, 0, 0), (1, 9, 0, 0), (1, 0, 0, 0), (0, 1, 0, 0), (10, 1, 0, 0), (2, 9, 0, 0), (2, 0, 0, 0), (0, 2, 0, 0), (10, 2, 0, 0), (3, 9, 0, 0), (3, 0, 0, 0), (0, 3, 0, 0), (10, 3, 0, 0), (4, 9, 0, 0), (4, 0, 0, 0), (0, 4, 0, 0), (10, 4, 0, 0), (10, 4, 1, 0), (5, 9, 0.5, 0.5), (5, 0, 0.5, 0), (10, 0, 0.5, 0), (1, 9, 0.05, 0.45). 溶液は 10 cc の瓶にできている.

（e）作る液 ＝ 41%（26 回）：(10, 0, 0, 0), (1, 9, 0, 0), (1, 0, 0, 0), (0, 1, 0, 0), (10, 1, 0, 0), (2, 9, 0, 0), (2, 0, 0, 0), (0, 2,

0, 0), (10, 2, 0, 0), (3, 9, 0, 0), (3, 0, 0, 0), (0, 3, 0, 0), (10, 3, 0, 0), (4, 9, 0, 0), (4, 0, 0, 0), (0, 4, 0, 0), (10, 4, 0, 0), (10, 4, 1, 0), (5, 9, 0.5, 0.5), (0, 9, 0, 0.5), (9, 0, 0.5, 0), (9, 9, 0.5, 0), (10, 8, 0.5, 0), (9, 9, 0.45, 0.05), (10, 8, 41/90, 2/45), (9, 9, 0.41, 0.09). 溶液は 10 cc の瓶にできている．

（f）作る液 = 57%（27 回）：(0, 9, 0, 0), (9, 0, 0, 0), (9, 9, 0, 0), (10, 8, 0, 0), (0, 8, 0, 0), (8, 0, 0, 0), (8, 9, 0, 0), (10, 7, 0, 0), (0, 7, 0, 0), (7, 0, 0, 0), (7, 9, 0, 0), (10, 6, 0, 0), (0, 6, 0, 0), (6, 0, 0, 0), (6, 0, 1, 0), (6, 9, 1, 0), (10, 5, 1, 0), (6, 9, 0.6, 0.4), (10, 5, 7/9, 2/9), (6, 9, 7/15, 8/15), (10, 5, 0.19/27, 8/27), (10, 0, 0.19/27, 0), (1, 9, 19/270, 19/30), (0, 9, 0, 19/30), (9, 0, 19/30, 0), (10, 0, 19/30, 0), (1, 9, 19/300, 0.57). 溶液は 9 cc の瓶にできている．

（g）作る液 = 33%（27 回）：(0, 9, 0, 0), (9, 0, 0, 0), (9, 9, 0, 0), (10, 8, 0, 0), (0, 8, 0, 0), (8, 0, 0, 0), (8, 9, 0, 0), (10, 7, 0, 0), (0, 7, 0, 0), (7, 0, 0, 0), (7, 9, 0, 0), (10, 6, 0, 0), (0, 6, 0, 0), (6, 0, 0, 0), (6, 9, 0, 0), (6, 9, 0, 1), (10, 5, 4/9, 5/9), (6, 9, 4/15, 11/15), (10, 5, 16/27, 11/27), (0, 5, 0, 11/27), (5, 0, 11/27, 0), (10, 0, 11/27, 0), (1, 9, 11/270, 11/30), (0, 9, 0, 11/30), (9, 0, 11/30, 0), (10, 0, 11/30, 0), (1, 9, 11/300, 0.33). 溶液は 9 cc の瓶にできている．

出所：ディック・ヘス

A95　πのなかの聖書

π の n 文字の列のなかに，m 文字の列がその順に入っているかをチェックする機会は $n-m+1$ 回ある．そしてそのうちの特定の 1 回の機会で一致する確率は $p = 10^{-m}$ である．$n-m+1$ 回のうち，1 回も一致しない確率は $Q = (1-p)^{n-m+1}$ である．Q の自然対数をとると $\log Q = (n-m+1) \times \log(1-p) \fallingdotseq -np$

で，$Q = e^{-np}$ である．$Q \fallingdotseq 0.5$ であるような n を求めると，$n \fallingdotseq 0.693147/p = 0.693147 \times 10^m$ になる．

この問題の場合には，$m = 8680450$ なので，$n \fallingdotseq 0.693147 \times 10^{8680450}$ となる．結局，聖書は，π の 10 進表現の約 $0.693147 \times 10^{8680450}$ 桁ごとに 1 冊含まれている．

出所：ディック・ヘス

A6 何月？

（a）うるう年の 2 月．

（b）先月の最後の月曜日の日付に，来月の最初の木曜日の日付を足して 38 になるためには，先月の最後の月曜日が 31 日，来月の最初の木曜日が 7 日でないといけない．すると今月も 31 日まであることになり，31 日の月が続く必要がある．よって今月は 8 月だ．

出所：不明

A106 たくさんのタイル

これらの解もいまわかっている最善解である．読者から改善案が聞ければありがたく歓迎する．

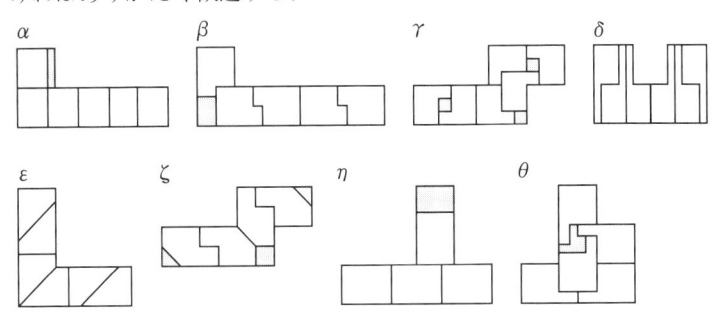

ι κ λ

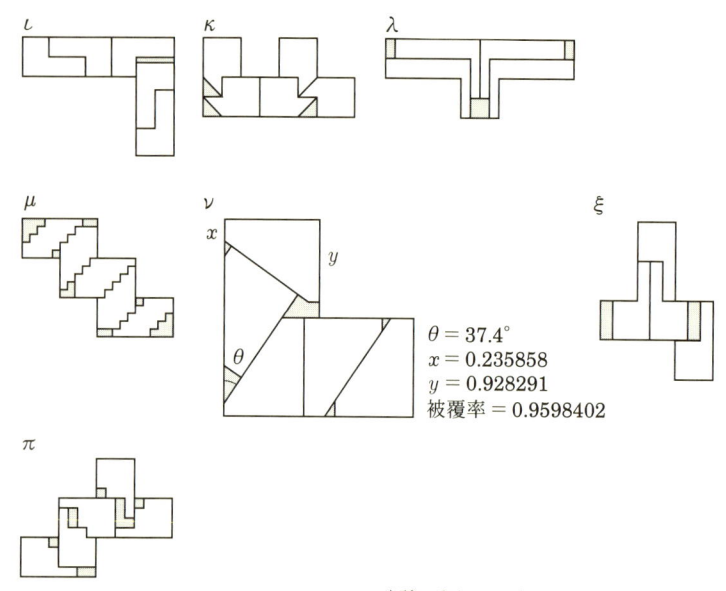

μ ν ξ

$\theta = 37.4°$
$x = 0.235858$
$y = 0.928291$
被覆率 $= 0.9598402$

π

出所：ボブ・ウェインライト，ディック・ヘス

A16 円周率の抵抗

次の左の図のようにすると点 P と点 Q の間の抵抗が $355/113$ になる．この値は，π との差が 2.668×10^{-7} しかない．右の図の抵抗は，

$$R = (ACS_2 + (AD + BC)E + BDS_1)/(S_1 S_2 - E^2)$$

となる．ただし $S_1 = A + C + E$, $S_2 = B + D + E$ である（訳注：ホイートストン・ブリッジというものである．オームの法則を書いて連立方程式を解けば得られる）．

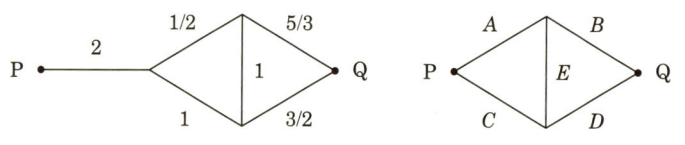

出所：Technology Review

A116 三つの面白い整数

（a）N_1 の数字の和を $d_N = 100s$ とし，10% 増の数 $M_1 = N_1 + 0.1N_1$ の数字の和を $d_M = 0.89d_N$ とする．M_1 は N_1 と $0.1N_1$ とを加えたもの（両者は整数で一方は他方を1桁ずらしたもの）である．よって，d_M は，d_N の2倍から，加えるときの繰り上がり回数の9倍を引いたものである．つまり，繰り上がりの回数を c とすると，$d_M = 89s = 200s - 9c$．よって $37s = 3c$ である．最小の場合は，$c = 37$，$s = 3$ となり，N_1 は少なくとも38桁になる（一の位は桁上がりしないから）．また数字の和は300となる．こうして可能な N_1 のうち最小のものは

$N_1 = 90909093999999999999999999999999999990$
$\quad = (90)_3 93 (9)_{29} 0$

になる．

（b）N_2 の数字の和を $d_N = 1000s$ とし，$M_2 = N_2 + 0.1N_2$ の数字の和を $d_M = 0.899d_N$ とする．M_1 は N_1 と $0.1N_1$ とを加えたものである．（a）と同様に，d_M は，d_N の2倍から，加えるときの繰り上がり回数の9倍を引いたものである．つまり，繰り上がりの回数を c とすると，$d_M = 899s = 2000s - 9c$．よって $367s = 3c$ である．最小の場合は，$c = 367$，$s = 3$ となり，N_2 は少なくとも368桁になる．こうして可能な N_2 のうち最小なものは $N_2 = (90)_{33} 93 (9)_{299} 0$ になる．

（c）N_3 の数字の和を $d_N = 10000s$ とし，$M_3 = N_3 + 0.1N_3$ の数字の和を $d_M = 0.9001d_N$ とする．M_1 は N_1 と $0.1N_1$ とを加えたものである．d_M は，d_N の2倍から，加えるときの繰り上がり回数の9倍を引いたものである．つまり，繰り上がりの回数を c とすると，$d_M = 9001s = 20000s - 9c$．よって $10999s = 9c$ である．最小の場合は，$c = 10999$，$s = 9$ となり，N_3 は少なくとも11000桁になる．こうして可能な N_3 のうち最小なものは $N_3 = $

$(90)_{999}93(9)_{9001}0$ になる.

出所：アンディ・リウ, ディック・ヘス

A26 何通りだろう

x を初項として r を公比とする．すると $111 = x + xr + xr^2$ となる．ここで x, xr, xr^2 はみな整数である．この二次方程式を解くと，$r = (-x \pm \sqrt{444x - 3x^2})/2x$. x を 1 から 148 まで変えて rx が（プラスとマイナスそれぞれについて）整数になるか確認する．その結果，次の 17 組があることがわかる.

$(1, 10, 100)$, $(1, -11, 12)$, $(27, 36, 48)$, $(27, -63, 147)$, $(37, 37, 37)$,
$(37, -74, 148)$, $(48, 36, 27)$, $(48, -84, 147)$, $(100, 10, 1)$,
$(100, -110, 121)$, $(111, 0, 0)$, $(111, -111, 111)$, $(121, -11, 1)$,
$(121, -110, 100)$, $(147, -63, 27)$, $(147, -84, 48)$, $(148, -74, 37)$

出所：Crux Mathematicorum

A36 三角形を数える

(a) Y ペントミノ形 (16 個)：ACG, ACI, ACJ, ADK, AFI, AGJ, AGK, AIK, BCK, BDJ, BDK, BEL, BGJ, BJL, CGJ, EHL.

(b) N ペントミノ形 (15 個)：ACL, ADH, ADJ, ADK, AEL, AGJ, AHK, AHL, AJL, BDL, BEK, BEL, BHK, CFL, DHK.

(c) P ペントミノ形 (14 個)：ACJ, AGI, AGJ, AHI, BDK, BEK, BGI, BHJ, BHK, BIK, CEJ, CEK, CHJ, DFK.

(d) X ペントミノ形 (20 個)：ACI, AEG, AFH, AFI, AGI, BCH, BCI, BDJ, BFH, BHJ, CEK, CIK, DFL, DGL, DJK, DJL, EGK, EGL, EJK, FHL.

(e) Z ペントミノ形 (20 個)：ACI, ACL, AEG, AFH, AFI, AGI, AJL, BFH, BFJ, CDI, CDJ, CGK, CIJ, DFL, DGL, DIJ, DJL, EGK, EGI, FHL.

(f) Fペントミノ形（20個）：ACH, ACI, ADJ, AFH, AHJ, BCJ, BCL, BDI, BDJ, BGK, CEK, CIK, DFL, DGL, DJK, DJL, EGK, EGL, EJK, FHL.

出所：ディック・ヘス

A46　球形の氷山

半径 r の球を高さ h だけ切りとった部分の体積は $\pi h^2(r - h/3)$ である．氷の比重が 0.9 であり，比重 1.0 の水に浮いているのだから，水面上に出ている氷山の体積は $4\pi r^3/3$ の 1/10 である．半径を 1 とするとこのことから，$h^3 - 3h^2 + 2/15 = 0$ となり $h = 0.39160020649\cdots$ である．

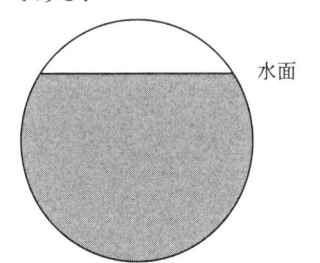

出所：ビル・ゴスパー

A56　帽子をかぶった5人の男

最初に言う帽子の色は黒である．帽子が黒の囚人たちは次のように推論する．だれでも，見えている帽子三つが赤赤白，赤白赤，白赤赤なら，20秒以内に自分の帽子は黒だと言う（みな20秒以内になんでも推論できるとしよう）．もし自分のすぐ前方二人が赤白または白赤なら，その人は20秒待って（自分のすぐ後ろの人が黒と言わないので）自分が赤や白でないことを確認し，40秒以内に黒と言う．自分のすぐ前が赤か白なら，その人は40秒待って（自分のすぐ後ろの人が黒と言わないので）自分が赤や白でないことを確認し，黒と言う．

出所：ウェイフワ・フワン

A66　偽コインの山?

Aの山からコイン1枚，Bの山から4枚，Cの山から5枚取り出してまとめて重さを量る．もし偽コインがなかったら重さは200グラムである．量った重さが199, 198, 197グラムのどれかだったら，偽コインの山はAであり，コインの重さはそれぞれ19, 18, 17グラムである．量った重さが196, 192, 198グラムのどれかだったら，偽コインの山はBであり，コインの重さはそれぞれ19, 18, 17グラムである．量った重さが195, 190, 185グラムのどれかだったら，偽コインの山はCであり，コインの重さはそれぞれ19, 18, 17グラムである．

出所：ディック・ヘス

A76　整数の方程式

この方程式は，$y = 2x^2 + 5x + 6 + 105/(2x-5)$ と書き直せる．$2x-5$ に，105のすべての約数を当てはめると，次の16通りの答えが得られる．

$$(x, y) = (-50, 4755), (-15, 378), (-8, 89), (-5, 24),$$
$$(-1, -12), (0, -15), (1, -22), (2, -81), (3, 144),$$
$$(4, 93), (5, 102), (6, 123), (10, 263), (13, 414),$$
$$(20, 909), (55, 6332)$$

出所：Crux Mathematicorum

A86　パズル菌の検査

約2%．1000人がチェックされるとすると，50人が陽性になる．そのうち一人が実際にパズル菌に感染している． 出所：カール・モリス

A96　π中にDick Hessを探す

Dick Hessは，数字2字の組が9個になる．最初から8番目までの組は異なっている必要がある．8番目と9番目はssとなっているので同じである．ランダムな数字列では，この2字9個の組（数字

でいうと 18 字) がそのようになる確率は

$$p = (100/100) \times (99/100) \times (98/100) \times (97/100) \times (96/100)$$
$$\times (95/100) \times (94/100) \times (93/100) \times (1/100)$$

である．この p の逆数は，137.279 なので，π のなかでそのようなパターンを探すと，平均的に数字を 137 字ほどテストすると見つかる．実際，π の 399 桁目から 16 桁が，9433057270365759591 となっていて，D = 94, i = 33, c = 05, k = 72, 空白 = 70, H = 36, e = 57, s = 59 と対応させるとうまくいく． 出所：ディック・ヘス

A7 音楽の問題

音程がドとレししかなく，同じメロディがつづいて 3 回繰り返すことがなく，レレという音のつながりもない曲でもっとも長いものは，ドドレドレドドレドレドドレドドレと，その逆順とである．

出所：小谷善行

A107 3桁の平方数

8		1	6	9		2	2	5		1
4	8	4		6	2	5		7	2	9
1		4	4	1		6	7	6		6

出所：ブライアン・バーウェル

A17 野球の打順

1〜9 番の人の背番号を順に書くと，385274961 と 941638527 の二つがある．（訳注：両者は打順と背番号をひっくりかえした関係になっている．つまり打順が 1〜9 番の人の背番号が 385274961 ということは，背番号が 1〜9 の人の打順はそれぞれ 941638527 ということだ） 出所：小谷善行

ex.A1 悪夢のブリッジ

もっとも劇的な効果が出るものとして，次のビッドおよびハンドを考えよう．

S	W	N	E
♠2	パス	♠4	ダブル
パス	パス!	パス	

Wが何をリードしようとも，最初の6トリックはNとSそれぞれに3回ずつラフされ，2回目のトリックをラフした側で終わる．そのプレーヤーがエスタブリッシュした赤のスーツをリードする．Eはいつでもラフし，そのあと2回勝てるが，その3トリックをとれるだけである．

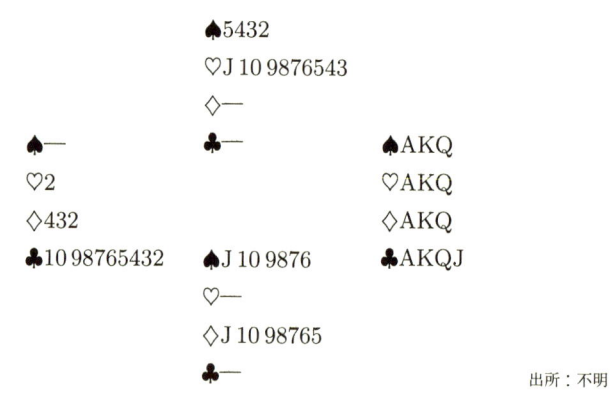

```
                    ♠5432
                    ♡J 10 9876543
                    ◇—
♠—         ♣—                      ♠AKQ
♡2                                 ♡AKQ
◇432                               ◇AKQ
♣10 98765432   ♠J 10 9876          ♣AKQJ
               ♡—
               ◇J 10 98765
               ♣—
```

出所：不明

A27　12個の金のピラミッド

ピラミッドの体積，そしてその重さは，高さの3乗に比例する．その和で二つに等分すると，$1+8+64+512+729+1728 = 27+125+216+343+1000+1331$．

出所：小谷善行

A37　魚と虹

魚と虹の形になった点の配置は，大きさが違って回転しているだけで，まったく同じである．魚のほうでいえば，ACF, ACH, BEG, BGH, CDE, AHF, EGH の七つが直角二等辺三角形．

出所：ディック・ヘス

A47 三角から正方形へ

次の通り．

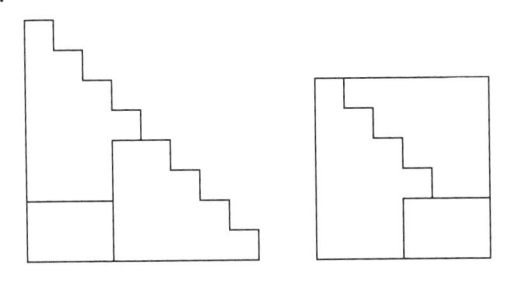

出所：不明

A57 騎士とならずもの

（a）（1）まず，「$2+2=5$ か？」のような質問を全住民に聞く．「はい」と答えるのはならず者と普通人である（これをグループ A と呼ぼう）．「いいえ」と答えるのは騎士と普通人である（これをグループ B と呼ぼう）．（2）つぎに，グループ A の人全員に，グループ B の人それぞれについて「この人は普通人か？」と聞く．ならず者は，騎士については「はい」，普通人については「いいえ」と答える．グループ A ではならず者が多数派なので，「はい」と言われた回数が多数の人が騎士であることがわかる．

（b）上と同様にグループに分ける．こんどはグループ A の人全員に，グループ B の人それぞれについて「この人は普通人か？」と聞くだけでなく，グループ B の人全員にも，グループ B の人それぞれについて（自分のことも含めて）「この人は騎士か？」と聞く．両方の質問に対して「はい」の合計が 5 以上ならその人は騎士である．普通人に対しては「はい」は 5 未満になる．

出所：ディック・ヘス

A67 偽コインの山1

山 A, B, C, D, E からそれぞれコイン 3, 6, 11, 12, 13 枚取り出してまとめて重さを量る．もし偽コインがなかったら重さは 450 グラ

ムである．量った重さの値ごとにどの山が偽なのかを下表に示す．

重さ	偽の山
450	偽コインなし
447	A
444	B
439	C
438	D
437	E
441	AB
436	AC
435	AD

重さ	偽の山
434	AE
433	BC
432	BD
431	BE
427	CD
426	CE
425	DE
430	ABC
429	ABD

重さ	偽の山
428	ABE
424	ACD
423	ACE
422	ADE
421	BCD
420	BCE
419	BDE
414	CDE

出所：ディック・ヘス

A77 試験の結果

n 問あり，A が a 問正しく答えたとすると，

$$\frac{(n-2)/n + (n-4)/n + (n-6)/n + a/n}{4} = 3/4$$

よって，$a = 12$ である．

出所：小谷善行

A87 ランダムな円弧

二つの線分が交叉している確率は $1/3$ である．まず，四つの点全部がランダムに選ばれるとする．この4点を2点ずつの組2組に分ける分け方は3通りある．そのうち1通りだけで図のように弦が交叉する．

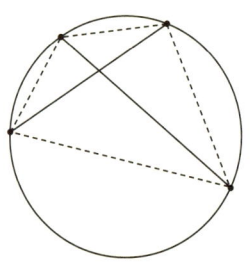

出所：ディック・ヘス

解答

A97 29を作ろう

(a) $29 = 9 \div .3 - 1$
(b) $29 = 2^5 - 3$
(c) $29 = (6 - .2) \div .2$
(d) $29 = (9 - .3) \div .3$
(e) $29 = 58 \times .5$
(f) $29 = 7 \div .2 - 6 = 6^2 - 7$
(g) $29 = 3 \div .1 - 1 = (3 - .1) \div .1$
(h) $29 = .5^{-5} - 3$
(i) $29 = .2^{-2} + 4$

出所：ディック・ヘス

A8 真理子の母

真理子の「母」の 4 人の子供は，一男，双葉，美奈と真理子だ．

出所：不明

A108 4桁の平方数

2	1	1	6
1	2	2	5
1	2	9	6
6	5	6	1

出所：ブライアン・バーウェル

A18 組の合計

ペアの和が等しい組をさがすと，$25 + 48 = 36 + 37$ があり，残りは 54．$54 = c + d$ とすると，$a+c, a+d, b+c, b+d$ がある順番で，$25, 48, 36, 37$ になっている．そして $25 + 48 = 73 = a + b + c + d$ となるので，$a + b = 73 - 54 = 19$ となる．

共通の差 $11 = 48 - 37 = 36 - 25$ と $12 = 48 - 36 = 37 - 25$ のうち，一方が $a - b$，他方が $c - d$ である．$a + b$ が奇数なので，a と b の差が 11，c と d の差が 12 であることがわかる．結局，a と

b はある順番で 4 と 15 である．また c と d はある順番で 21 と 33 である．答えは $4, 15, 21, 33$．

出所：Crux Mathematicorum

ex.A2　協力ブリッジ

右側が答えの手順で，アンダーラインがトリックをとったカードである．

トリック	W	N	E	S
1	♡J	♡Q̲	♡10	♡3
2	♡K	♡2	♡A	♠2̲
3	◇3	◇5̲	◇4	◇2
4	♡8	♡9̲	♣K	◇6
5	♣A	♡7̲	♣J	◇7
6	♣Q	♡6̲	♣9	♣8
7	♣10	♡5̲	◇Q	♣7
8	◇10	♡4̲	◇K	♣6
9	◇J	♣2	◇A	♣5̲
10	♠4	♠5̲	♠3	◇9
11	♣K	♣3	♠Q	♠A̲
12	♠7	♠8̲	♠6	◇8
13	♠10	♣4	♠9	♠J̲

出所：不明

A28　四つの立方体

最初の立方体では，ABC が正三角形になるので，頂点の角はどれも $60°$．

第二の立方体では，A, B, C が正六角形の隣り合う 3 頂点になる．よって角 A と角 C は $30°$ で，角 B は $120°$．

第三の立方体では，辺の長さが $1:2:1:2:1:2$ の対称な六角形の一部であるので，角 B は $120°$ である（角 A は $\sin^2 A = 3/7$ となるような角，角 C は $\sin^2 C = 3/28$ となるような角）．

第四の立方体では，$AB^2 = BC^2 = 18$ で，$AC^2 = 36$ になる．だからこの三角形は直角二等辺三角形である．よって角 A と角 C は $45°$ で，角 B は $90°$．

出所：ウェイフワ・フワン

A38 小谷の蟻

次の図がこの問題の答えを一般的に示すものである．直方体 $1 \times a \times b$ を展開したもので，$1 \times a$ の面の始点 P から，反対の面の $1 \times a$ にある終点 Q までの，最短になりえるすべての経路を示している．点 Q′ は Q のちょうど反対の位置である（Q と Q′ とを線分で結ぶと，直方体の中心を通る）．

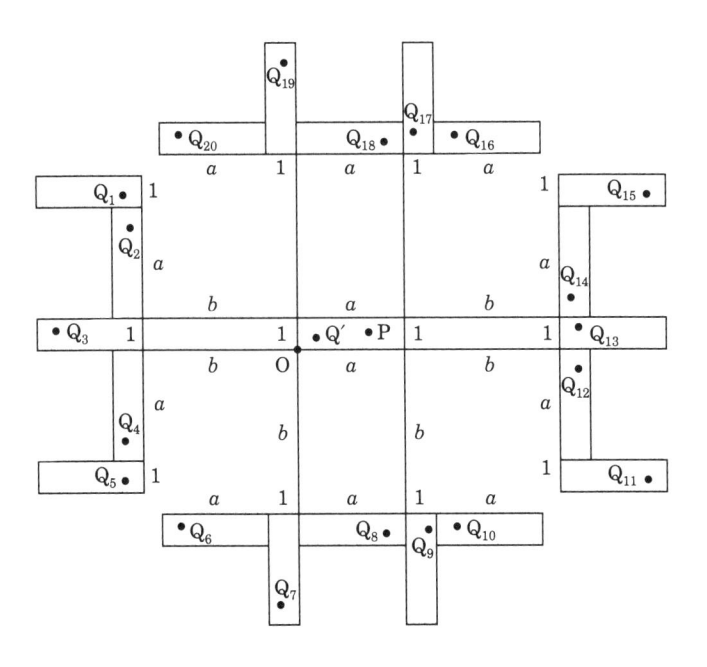

$Q_1 = (-b-p, 1+a+q)$ $Q_{11} = (2a+b-p, -a-1+q)$
$Q_2 = (-b-q, 1+a-p)$ $Q_{12} = (a+b+1-q, -p)$
$Q_3 = (-b-a+p, 1-q)$ $Q_{13} = (a+b+p, 1-q)$
$Q_4 = (-b-1+q, -a+p)$ $Q_{14} = (a+b+q, 1+p)$
$Q_5 = (-b-p, -a-1+q)$ $Q_{15} = (2a+b-p, 1+a+q)$
$Q_6 = (-a-1+p, -b-q)$ $Q_{16} = (a+1+p, b+2-q)$
$Q_7 = (-1+q, -b-a+p)$ $Q_{17} = (a+q, 1+b+p)$
$Q_8 = (a-p, -b-1+q)$ $Q_{18} = (a-p, 1+b+q)$
$Q_9 = (a+1-q, -b-p)$ $Q_{19} = (-q, a+b+1-p)$
$Q_{10} = (a+1+p, -b-q)$ $Q_{20} = (-1-a+p, 2+b-q)$

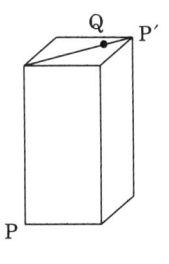

図のように原点 O をとって，Q' の座標を (p, q) とすると，最短路の候補となる Q の像 20 個の座標が求められる．そしてその座標と P との距離もすべて求められる．P と Q との距離は，それらの最小値である．

小谷の蟻の問題では，P は原点 O にある．このとき $Q' = (1/4, 1/4)$ になるときに，Q が P からもっとも遠くなる．つまり点 Q は，P の反対側の頂点から，対角線上を中側に 1/4 入ったところにある．

P と Q を両方とも動かせるとすると，
$$P = Q' = ((\sqrt{3}-1)/2, (\sqrt{3}-1)/2)$$
のとき PQ の間の距離が最大になり，その値は $\sqrt{16 - \sqrt{48}} = 3.011942358\cdots$ である．

出所：小谷善行, ディック・ヘス

A48 同形3分割問題

次に示す．

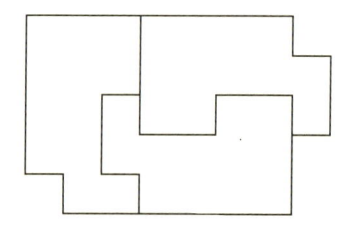

出所：不明

A58 和と積1

次ページの表では，B の発言によって除外される x と y の組合せを B で表している．それらは x と y の積が一通りに因数分解される場合である．この表のなかで，$x+y$ が同じである，右上から左下への斜めのマスの列をみる．斜め列のなかで，$x+y=7$ の列だけ，空白のマスが 1 個だけある（A で示す）．そのマスでは $x = 4, y = 3$ である．したがって B には A の帽子の 12 が見え，A に

はBの帽子の7が見えていたことになる．

	$x=2$	3	4	5	6	7	8	9
$y=2$		B	B	B	B		B	
3	–		B	<u>A</u>	B		B	B
4		–	–					
5		–	–	–	B		B	
6		–	–	–	–			
7		–	–	–	–	–	B	
8		–	–	–	–	–	–	

出所：ディック・ヘス

A68　偽コインの山2

Aの山からコイン2枚，Bの山から1枚を一方の皿に乗せ，他方の皿にDの山から2枚乗せて差を量る．5枚のコインだけを使っている．差が7, 8, 9, 10, 11, 12グラムであるならば，それぞれAとB，AとC，BとC，AとD，BとD，CとDが，9グラムの偽コインの山である．

出所：ディック・ヘス

A78　回文時計1

昨晩起きたときは，12:55:21で，そのあとの回文時刻は1:00:01だった．その間は280秒である．2, 3日前に起きたときはたとえば，6:49:46のような時刻で，6:50:56まで70秒待ったわけである．

出所：ディック・ヘス

A88　立方体の三角形

立方体の頂点からでたらめに3点を取ってできる三角形が鋭角三角形である確率は1/7で，直角三角形である確率は6/7である．次ページの図で，3点の一つが1であるとすれば，直角三角形は123, 124, 125, 126, 127, 128, 134, 136, 138, 145, 146, 147, 148, 156, 158, 167, 168, 178であり，鋭角三角形は135, 137, 157である．

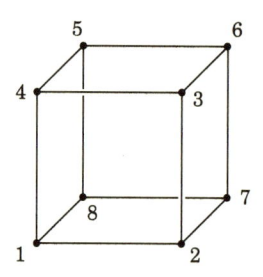

出所：ウェイフワ・フワン

A98 連続する数字の問題

(a) $21 = 2 \div .\dot{1} + 3 = (2 + .\dot{3}) \div .\dot{1}$

(b) $35 = 3 + \sqrt[1]{\sqrt{2}} = (3! + 1) \div .2 = 3!^2 - 1$

(c) $45 = (2+3) \div .\dot{1} = 3 \div (.2 \times \sqrt{.\dot{1}}) = 3! \div (\sqrt{.\dot{1}} - .2)$

(d) $56 = 3! \div .\dot{1} + 2 = (\sqrt[\sqrt{.\dot{1}}]{2})! \div 3!! = (3! + .\dot{2}) \div .\dot{1}$

(e) $56 = (2 + .\dot{3}) \times 4! = \sqrt{3!! \div .2} - 4 = (2 \times 4)! \div 3!!$
$= (\sqrt{\sqrt{\sqrt{2^{4!}}}})! \div 3!! = 32 + 4!$

(f) $70 = 3! + \sqrt{\sqrt{2^{4!}}} = 3 \times 4! - 2 = 4! \div .\dot{3} - 2$

(g) $38 = 3!^2 + \sqrt{4} = \sqrt{2 \times 3!! + 4} = 2 + (3!)^{\sqrt{4}} = 2 + \sqrt{(3!)^4}$
$= \sqrt{2 \times (3!! + \sqrt{4})} = 3! + \sqrt[2]{\sqrt{4}} = \sqrt{\sqrt{4} \times (3!! + 2)}$

(h) $95 = 3!! - 5^4$

(i) $67 = 3 \times 4! - 5 = 4! \div .\dot{3} - 5 = 3 + \sqrt{\sqrt{.5^{-4!}}}$

(j) $52 = (5! - 3) \times .\dot{4} = 5! \times .4\dot{3}$

(k) $58 = 56 + \sqrt{4} = \sqrt{5 \times 6!} - \sqrt{4} = \sqrt{\sqrt{.5^{-4!}}} - 6$

(l) $13 = 5 + 6 + \sqrt{4} = 4! - 5 - 6 = 5 + \sqrt{\sqrt{4^6}} = 5 + \sqrt[\dot{6}]{4}$
$= 6 \div .\dot{4} - .5 = 5 \times (\sqrt{4} + .6) = (4! - .6) \times .\dot{5}$
$= (6 + .5) \times \sqrt{4}$

(m) $45 = 6! \times .5^4 = 5! \div (4 \times .\dot{6}) = 6 \times 5 \div \sqrt{.\dot{4}} = 5! \div (\sqrt{4} + .\dot{6})$
$= 4! \div .6 + 5 = \sqrt{4} \div (.6 - .\dot{5}) = \sqrt{6! \times .\dot{5} \div .\dot{4}}$

(n) $9 = \sqrt[-.5]{\sqrt{.\dot{7} - .\dot{6}}} = \sqrt{75 + 6}$

(o) $11 = \sqrt{5! + 7 - 6} = 7 \div .\dot{6} + .5$

(p) $94 = 5! \times .\dot{7} + .\dot{6}$

(q) $40 = 7! \div (5! + 6) = 5! \times \sqrt{.\dot{7} - .\dot{6}}$

(r) $60 = \sqrt{7! - 6! \div .5} = 6! \div (5 + 7) = \sqrt{6! \div (.7 - .5)}$
$= -\sqrt{5! \div (.\dot{7} - .\dot{6})}$

(s) $10 = \sqrt{\sqrt{\sqrt{(.\dot{7} - .\dot{6})^{-8}}}} = (7 + 8) \times .\dot{6}$

(t) $11 = 8^{.\dot{6}} + 7$

(u) $12 = 8! \div 7! \div .\dot{6} = \sqrt{\sqrt{8! \div .7 \times .6}}$

(v) $16 = 6! \times (.8 - .\dot{7})$

(w) $39 = 7 + \sqrt[.\dot{6}]{8}$

(x) $11 = 8! \div 7! + \sqrt{9} = (9 + .\dot{7}) \div .\dot{8}$

(y) $67 = \sqrt{7! \times .8 + 9}$

(z) $39 = \sqrt{\sqrt{9^8} - 7!}$

出所：ディック・ヘス

A9　さいころの問題

あなたが勝つ可能性と，負ける可能性は同じ．　　出所：ディック・ヘス

A109　数の正方形

5	4	1
1	4	9
2	1	6

出所：不明

A19　橋を渡る

(a) 1分の人と3分の人が渡り，1分の人が戻る．

　　8分の人と9分の人が渡り，3分の人が戻る．

　　1分の人と6分の人が渡り，1分の人が戻る．

　　1分の人と4分の人が渡り，1分の人が戻る．

1分の人と3分の人が渡る．
(b) 1分の人と2分の人が渡り，1分の人が戻る．
8分の人と9分の人と10分の人が渡り，2分の人が戻る．
1分の人と6分の人と7分の人が渡り，1分の人が戻る．
1分の人と2分の人が渡る．

出所：不明

ex.A3 2の力

4人のプレーヤーが1回ずつ2でトリックをとらなければならない．これは次のことからいえる．もしかりに，ある人が2を持っていないとすると，最初の3回の2でとるトリックに際して，その人はそのリードする2のスーツがなくなっていなければならない．だから四番目の2がリードされるとき，その人はそのスーツを持っていなければならない（訳注：そうするとその2は勝てない）．

そして，コントラクトは3ノートランプでなければならない．4枚の2がそれぞれトリックをとる一つの方法は，下の図のような，4人全員が7222のディストリビューションの場合である．

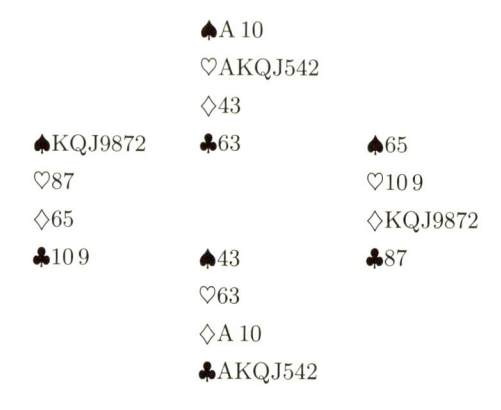

```
              ♠A 10
              ♡AKQJ542
              ◇43
♠KQJ9872      ♣63         ♠65
♡87                       ♡10 9
◇65                       ◇KQJ9872
♣10 9         ♠43         ♣87
              ♡63
              ◇A 10
              ♣AKQJ542
```

トリック	W	N	E	S
1	♠J	♠A	♠5	♠3
2	♠K	♠10	♠6	♠4
3	♠2	♡4	◇7	♣4
4	♡7	♡A	♡9	♡3
5	♡8	♡K	♡10	♡6
6	♠7	♡2	◇8	♣5
7	◇5	◇3	◇9	◇A
8	◇6	◇4	◇K	◇10
9	♠8	♡5	◇2	♣J
10	♣9	♣3	♣7	♣A
11	♣10	♣6	♣8	♣K
12	♠9	♡J	◇J	♣Q
13	♠Q	♡Q	◇Q	♣2

出所：不明

A29 格子点上の多角形

最初の 4 辺 (長さ 1, 2, 3, 4) の間は直角にしか曲がれない. 1 の辺をベクトル $(1,0)$ として表すことにする. 2 の辺をベクトル $(0,2)$ とし, それを足すか引くかしてつなぎ, 次の頂点の座標を作る. 3 の辺は $(3,0)$ として, 4 の辺は $(0,4)$ として足すか引くかして次の頂点の座標を作る. 4 辺ではその値が $(0,0)$ に戻れないので, 答えはない.

3 辺が 3, 4, 5 のピタゴラス三角形 (辺の長さが整数の直角三角形) があるので, 長さ 5 の辺は 10 通りの方向がありうる. つまり, ベクトル $(5,0), (3,4), (4,3)$ およびその要素の符号をマイナスにしたものである. 五角形の答えがあるとすれば, 最初の 1, 2, 3, 4 の折れ線にこの 5 の辺を足してもとに戻るものである. しかし最初の 1, 2, 3, 4 の折れ線では x, y が偶数の格子点に行くのに, 戻る 5 の辺のベクトルは x, y の片方が奇数なのでもとに戻れない. よって五角形の答えはない. 同様の理由で六角形もない.

七角形の答えがあるとすれば, 1 の辺とつなぐことを考えて

7の辺は $(0,7)$ か $(0,-7)$ であり，したがって6の辺は $(6,0)$ か $(-6,0)$ である．5の辺を除いて考えると，x 座標は，1, 3, 6 を足し引きしたものであり，y 座標は 2, 4, 7 を足し引きしたものである．5の辺の10通りのベクトルはそれらに合致しないので，七角形の答えもない．

八角形になって初めて答えがある．下の三つがその答えである．

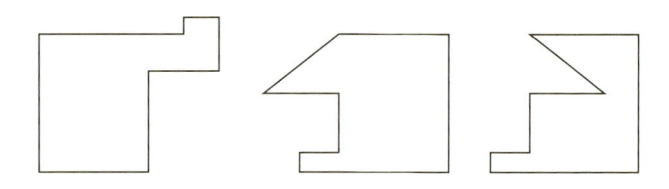

九角形の答えがあるとすれば，5の辺を除いて考えると，x 座標は，1, 3, 6, 8 を足し引きしたものであり，y 座標は 2, 4, 7, 9 を足し引きしたものである．七角形と同様，5の辺の10通りのベクトルはそれらに合致しないので，九角形の答えもない．

次の白鳥の形とキツツキの形は，最小の奇数辺の多角形（十一角形）の答えである．最後の図は十五角形の答えで，テキサス州の形になっていて面白い．

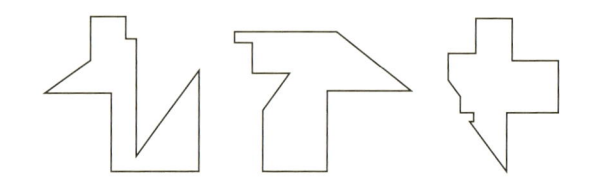

出所：Journal of Recreational Mathematics

A39 クモとハエ

Q38の方式で，$a = 2$, $b = 3$ とすればよい．

（a）点 P が箱の頂点にあるとすると，$Q' = (1/8, 1/8)$ になる．つまり，ハエを置く，クモからもっとも遠い点は，クモのいる点 P の

反対側の頂点から 1×2 の面に対角線方向に縦横 $1/8$ だけ入った地点である．クモはそこまで行くのに $\sqrt{325/18} = 4.24918\cdots$ だけ這っていくことになる．

(b) クモとハエを最大限離す2点は，1×2 の二つの面にあり，$P = Q' = ((5-\sqrt{22})/2, 1/2)$ となるところである．つまりその点は長さ2の辺と辺のちょうど中間にあり，長さ1の辺からは 0.154792 だけ離れている点である．クモが這っていかなければいけない距離は，$d = \sqrt{47 + 6\sqrt{22}} = 4.3425229\cdots$ である．

出所：ディック・ヘス

A49　1通りのドミノ並べ

5×6 の正方形で，二つのドミノを次のように置くと，他のドミノの置き方は決まってしまう．

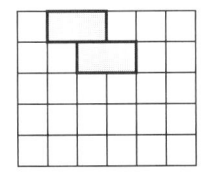

出所：Journal of Recreational Mathematics

A59　和と積2

次ページの表は，除外される x と y の組合せを表している．B1 のマスは $x \times y$ が一通りに因数分解される場合である．A1 のマスがつぎに，$x + y$ が一通りしかないことにより，除外される．B2 のマスがつぎに除外される (A1 が除外されたので B2 が一通りになった)．同じようにして A2 と B3 が最後に除外される ($x + y$ や $x \times y$ の残っている空白のマスが一通りになる)．こうして A3 が，A がわかる一通りの組合せになる．したがって B には A の帽子の 24 が見え，A には B の帽子の 10 が見えていたことになる．

	$x=2$	3	4	5	6	7	8	9
$y=2$	B1	B1	B1	B1	B2	B1	B3	
3	–	B1	A1	B1		B1		B1
4	–	–	A2		<u>A3</u>			
5	–	–	–	B1		B1		
6	–	–	–					
7	–	–	–	–	–	B1		
8	–	–	–	–	–			

出所：ディック・ヘス

A69 偽コインの山3

山の名前を A から Q までとしよう．-3 から $+3$ までの整数を使った，2 数の組のうち，符号付きの比が同じものを除くと，全部で 17 通りある．その組をそれぞれの山に割り当てる．すなわち，A, B, C, $\cdots$, Q にそれぞれ，

$(0,0), (3,0), (0,3), (2,2), (3,-3), (2,1), (2,-1), (1,2), (1,-2),$

$(3,1), (3,-1), (1,3), (-1,3), (3,2), (3,-2), (2,3), (2,-3)$

を割り当てる．割り当てられた 2 数の左側が 1 回目の計量，右側が 2 回目の計量に使うコインの枚数である．$+$ の値は左の皿に，$-$ の値は右側にその数の枚数のコインを乗せることを意味する．つまり 1 回目の計量は，$3B + 2D + 3E + 2F + 2G + H + I + 3J + 3K + L + 3N + 3O + 2P + 2Q$ 対 M で行い，2 回目は $3C + 2D + F + 2H + J + 3L + 3M + 2N + 3P$ 対 $3E + G + 2I + K + 2O + 3Q$ で行う．もし，すべてのコインが本物であったら，本物のコインの重さを T とすると，二回の計量は，$W_1 = 30T$, $W_2 = 8T$ となる．そして次のように判別式を構成する．

$$r(B) = W_2/8$$
$$r(C) = W_1/30$$
$$r(D) = (W_1 - W_2)/22$$
$$r(E) = (W_1 + W_2)/38$$
$$r(F) = (W_1 - 2W_2)/14$$

$$r(\mathrm{G}) = (W_1 + 2W_2)/46$$
$$r(\mathrm{H}) = (2W_1 - W_2)/52$$
$$r(\mathrm{I}) = (2W_1 + W_2)/68$$
$$r(\mathrm{J}) = (W_1 - 3W_2)/6$$
$$r(\mathrm{K}) = (W_1 + 3W_2)/54$$
$$r(\mathrm{L}) = (3W_1 - W_2)/82$$
$$r(\mathrm{M}) = (3W_1 + W_2)/98$$
$$r(\mathrm{N}) = (2W_1 - 3W_2)/36$$
$$r(\mathrm{O}) = (2W_1 + 3W_2)/84$$
$$r(\mathrm{P}) = (3W_1 - 2W_2)/74$$
$$r(\mathrm{Q}) = (3W_1 + 2W_2)/106$$

判別式は，その山が偽コインならば，値が整数値 T になるように設計してある．ただし $r(\mathrm{B}) = r(\mathrm{C}) = T$ の場合だけ例外的に扱い，そのときは山 A が偽である．偽コインの重さが本物と比べて 6 グラム以内の違いであるために，うまくいくようになっている．

出所：ディック・ヘス

A79 回文時計2

答えの時間は，4:01:04 である（2008 年 12 月 31 日午後）．つまり，3 回とは，3:59:53, 4:00:04, 4:01:04 である．午後 3 時 59 分 60 秒といううるう秒があったので，1 番目と 2 番目の間は 12 秒である．

出所：ディック・ヘス

A89 誤植

誤植の総数を T とする．ある誤植を第一の人が見つけられる確率は $252/T$ であり，見つけられない確率は $1 - 252/T$ である．第二の人についてはそれぞれ $255/T$, $1 - 255/T$ である．両者ともに見つけた誤植が 20 個なので，$20/T = (252/T) \times (255/T)$ となり，$T = 3213$ となる．よって両者が見つけていない誤植は
$$T \times (1 - 252/T) \times (1 - 255/T) = 2726 \text{ 個}$$

と推定できる．

出所：ニック・バクスター

A99 75を作る

(a) $75 = 5! \div (.8 + .8)$

(b) $75 = .6 \times \sqrt{5^6} = 5 \div (.\dot{6} - .6)$

(c) $75 = \sqrt{-\sqrt[.2]{.2} \div .\dot{5}}$

(d) $75 = 5! \div (0! + .6) = 5 \div .0\dot{6}$

(e) $75 = 5 \times 15 = 5! - 5 \div .\dot{1} = 5 \times 5 \div \sqrt{.\dot{1}} = \sqrt[.5]{5} \div \sqrt{.\dot{1}}$
$= \sqrt{\sqrt[.1]{\sqrt{5}} \div .\dot{5}}$

(f) $75 = 25 \div \sqrt{.\dot{1}} = 15 \div .2 = 5^2 \div \sqrt{.\dot{1}} = 5 \div (.2 \times \sqrt{.\dot{1}})$
$= -\sqrt[.5]{.2} \div \sqrt{.\dot{1}} = \sqrt{-\sqrt[.1]{\sqrt{.2}} \div .\dot{5}}$

(g) $75 = 3 \times \sqrt{\sqrt{5^8}} = \sqrt{\sqrt{5^8}} \div .\dot{3} = \sqrt{3!! \times 5} \div .8$
$= (3!! - 5!) \div 8$

(h) $75 = \sqrt{.2^{-4} \times 9} = \sqrt{9} \div .2^{\sqrt{4}} = (\sqrt{9})! \div (.2 \times .4)$
$= (4! - 9) \div .2$

出所：ディック・ヘス

ディック・ヘス　Dick Hess

カリフォルニア工科大学とカリフォルニア大学バークレー校で物理学を学び，1966年にPh.D.を受ける．Logicon社を経て現在は引退．ロサンゼルス近郊に妻ジャッキーと在住．25000個以上のパズルを収集しており，長年パズルの設計も行っている．特にワイヤパズル（針金の知恵の輪）の設計・製作・収集の第一人者．

テニスも趣味で，プレーするだけでなく，ウィンブルドンなど主要な世界のトーナメントをすべて観戦している．

本書の原著 *Mental Gymnastics* 以外のパズルの著書に
Number-Crunching Math Puzzles（Puzzlewright），
Golf on the Moon（Dover Publications）などがある．

小谷善行　こたに・よしゆき

1949年神戸生まれ，川崎育ち．パズル懇話会会長，コンピュータ将棋協会副会長．パズルのコレクターであり，7000個以上のパズルを収集している．自ら創作したパズルも数多い．

東京農工大学名誉教授，情報処理学会フェロー．

著書に『脳力が目覚める最強のパズル』（朝日新聞社，共著），『わくわくパズルランド』（岩波書店），『コンピュータ将棋の頭脳』（サイエンス社），『人間に勝つコンピュータ将棋の作り方』（技術評論社，共著）などがある．

知力を鍛える究極パズル
<small>ち りょく きた きゅう きょく</small>

2014年8月25日　第1版第1刷発行

著者：ディック・ヘス
訳者：小谷善行

発行者：串崎 浩
発行所：株式会社 日本評論社
〒170-8474　東京都豊島区南大塚3-12-4
電話：03-3987-8621［販売］　03-3987-8599［編集］

印刷：藤原印刷
製本：難波製本

カバーデザイン：粕谷浩義（StruColor）

©KOTANI Yoshiyuki 2014　Printed in Japan
ISBN978-4-535-78726-1

JCOPY〈(社)出版者著作権管理機構 委託出版物〉
本書の無断複写は著作権法上での例外を除き禁じられています。複写される場合は、そのつど事前に、(社)出版者著作権管理機構（電話03-3513-6969, FAX 03-3513-6979、e-mail:info@jcopy.or.jp）の許諾を得てください。
また、本書を代行業者等の第三者に依頼してスキャニング等の行為によりデジタル化することは、個人の家庭内の利用であっても、一切認められておりません。

好評既刊

とっておきの数学パズル
続・とっておきの数学パズル

ピーター・ウィンクラー｜著　坂井 公・岩沢宏和・小副川 健｜訳

数学者である著者が、長年にわたり収集してきた傑作パズルを厳選．ほかの本では見られない問題が満載．あなたは何問解ける？
- ●四六判　●2400円+税　●ISBN978-4-535-78639-4
- ●四六判　●2000円+税　●ISBN978-4-535-78642-4

箱詰めパズル ポリオミノの宇宙

ソロモン・ゴロム｜著　川辺治之｜訳

テトリス誕生のきっかけともなり、誰もが夢中になるパズル「ポリオミノ」．その考案者自身による原典、ついに翻訳！　訳書では、近年の進展についても註を付し、さらに充実．
- ●A5判　●2600円+税　●ISBN978-4-535-78695-0

この本の名は？ ── 嘘つきと正直者をめぐる不思議な論理パズル

レイモンド・M・スマリヤン｜著　川辺治之｜訳

論理パズルの泰斗スマリヤンの名を世に知らしめた1978年出版の記念碑的名著、待望の全訳、数理論理学を背景に、古典的な「嘘つきと正直者のパズル」を徹底的に深化させた、スマリヤンのパズル世界の原点、論理力のトレーニングにも最適．
- ●四六判　●2400円+税　●ISBN978-4-535-78692-9

日本評論社

http://www.nippyo.co.jp